숨만 쉬어도 과학이네?

숨만
쉬어도
과학이네?

몸으로 배우는 생명과학

예병일 지음

다른

우리 몸을 탐구하는 수줍은 과학

지구는 남극과 북극을 잇는 축을 중심으로 23시간 56분 4초에 한 번씩 제자리에서 한 바퀴를 도는 자전을 한다. 그동안 태양을 보고 있는 쪽에서는 태양의 빛을 받아 낮이 되고, 태양의 반대편에서는 빛을 볼 수가 없으니 밤을 맞이한다.

지구에 사람이 생겨나기 전부터 지구는 자전하고 있었으니 지구에 등장한 사람은 자전의 영향에 적응해야만 했다. 밤이 되면 잠을 자고, 낮에는 활동하는 것도 자전하는 지구의 영향을 받아 생긴 현상이다. 사람이 잠을 자지 않고 온종일 활동한다면 어떻게 될까? 필요한 에너지를 얻기 위해 지금보다 훨씬 많이 먹어야 하고 활동 시간의 대부분을 먹을거리를 찾는 데 쏟아야 할 것이다. 쉬지 못한 몸은 노화 속도가 빨라져 수명이 짧아지고 고장 나는 일도 잦아져 온갖 병이 들 것이다.

사람의 몸은 지구라는 환경의 영향을 받으며 발전해 왔고, 지구

자전을 기준으로 하루라는 시간 단위가 거듭되면서 일상이 만들어졌다. 어제와 오늘을 비교해 보면 다람쥐가 쳇바퀴 돌듯 반복되는 것 같지만 수백 년, 수천 년, 수만 년 전과 지금의 하루를 비교해 보면 꽤 많은 것이 달라졌다.

의학의 발전과 함께 사람의 수명도 크게 늘었다. 지난 50년간 평균 수명이 20년가량 늘면서 환갑을 맞이해 친척들이 모여 장수를 축하하는 잔치를 열던 풍습은 점점 사라지고 있다. 단순히 오래 사는 것보다 중요한 것은 건강 수명, 즉 건강하게 살 수 있는 기간이 길어지는 것이다. 건강한 인생을 위해서는 사람의 몸에 대한 이해가 앞서야 한다.

사람의 몸은 생각하면 할수록 참 잘 만들어졌다 싶지만, 조금만 더 잘 만들어졌더라면 이 세상을 살아가는 일이 훨씬 편했겠다 싶기도 하다. 사람의 몸은 생명 현상을 바탕으로 기능하며, 생명 현상은 생물과 화학, 물리 등 온갖 과학 원리가 한데 모여 이뤄진다. 따라서 사람의 몸을 이해하려면 먼저 사람이라는 생명체 안에서 일어나는 갖가지 과학 현상을 알아야 한다.

《숨만 쉬어도 과학이네?》는 사람의 몸에서 일상적으로 일어나는 현상에 대한 호기심을 풀기 위한 책이다. 평소에 무심코 넘긴 현상이지만 다시 생각해 보면 사람의 몸에서 어떻게 그런 일이 일어날 수 있는지 신기한 것이 많다.

매일 아침에 세수를 하지 않으면 어떻게 될까? 하루 중 언제 키

가 빨리 자라고, 운동을 하면 왜 땀이 흐를까? 오후에는 공부에 집
중하려 해도 왜 그렇게 졸리고, 어째서 때가 되면 어김없이 배가 고
플까? 피부에 상처가 났을 때 그냥 둬도 딱지가 앉은 뒤 깔끔하게
떨어져 나가는 경우와 흉터가 남는 경우는 어떤 차이가 있을까?

역사 이래 이런 호기심으로 가득했던 사람들은 관찰과 실험으
로 진리를 탐구했고, 그 결과 오늘날 의학은 수십 년 전에는 상상
하지 못했을 만큼 엄청나게 발전했다.

사람의 몸을 다루는 학문인 의학은 대학에서 다른 전공보다 더
오랜 시간을 들여 공부해야 할 만큼 복잡하고 어려운 학문이다. 하
지만 관심이 가는 내용을 조금씩 알아가고 연구하다 보면 공부의
흥미를 크게 느낄 수 있는 학문이기도 하다. 이 책의 독자가 그동
안 배운 과학 지식이 사람의 몸과 어떻게 관련되고 활용되는지를
확인해 가면서 인체에 더 깊은 관심을 갖게 되길 기대한다.

진리는 그 시대의 지식수준을 반영해 결정된다. 따라서 미래에
지식수준이 높아지면 오늘날 철석같이 믿고 있는 진리가 엉터리로
판명되는 경우도 헤아릴 수 없이 많을 것이다. 그렇더라도 한 시대
에 진리로 여겨진 것은 학문 발전의 밑거름이 되곤 한다. 이건 왜
이런 것이고, 그건 또 왜 그런 것일까? 무슨 일이든 의문을 가져야
발전의 가능성이 열린다. 미지의 사실에 의문을 품는 것은 학문 발
전의 바탕이 되고, 이미 알려진 사실에 의문을 던지는 것도 마찬가
지로 발전의 계기가 된다.

아침에 일어나서 밤에 잠들기까지 일상을 꾸려 나가면서 경험하는 우리 몸의 현상에 계속해서 물음표를 던져 보자. 이를 해결해 나가는 과정에서 사람의 몸에 대한 기본적인 내용을 알게 되면 건강에 도움이 될 아이디어를 얻을 뿐만 아니라 공부의 즐거움을 누릴 수 있을 것이다.

사람의 몸을 탐구하는 일에 헌신하기로 마음먹는 청소년이 많이 나오기를 기대한다.

2019년 4월 예병일

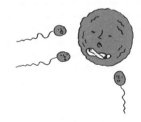

1. 상쾌한 아침

기지개부터 아침식사까지

비누 거품을 내서 밤새 기름이 올라온 얼굴을
닦으니 산뜻한 느낌이 든다. 수챗구멍으로
빠져나가는 분비물들아, 잘 가. 그동안 나랑 같이
살아 줘서 고마워.

기분 좋은 아침을
맞이하는 방법

✖

근육과 산소

헉, 아침이다!

알람이 안 울린 건가 싶어 깜짝 놀라 스마트폰을 후다닥
찾아 켜보니, 알람 울리기 딱 1분 전이다. 어쩜 이렇게
제때 눈이 떠졌을까. 조금만 더 눈을 감고 있을까 하다가
일어나기로 마음먹고 기지개를 쭉 켜본다.

아, 시원하다. 찌뿌둥한 몸이 풀리면서 정신도 맑아지고
키가 커지는 듯한 느낌이 든다. 기지개를 켜면 왜 기분이
좋은 걸까? 그냥 일찍 일어난 자신이 기특해서 그렇게
느껴지는 걸까? 낮에는 몇 분씩 스트레칭을 해도 딱히
기분이 좋았던 거 같지 않은데. 기지개에는 어떤 과학이
있는 걸까?

기지개를 켜면 기분이 좋아지는 이유

운동하기 전에 스트레칭을 하는 것과 잠을 자고 일어나면서 기지개를 켜는 것 중에서 무엇이 더 기분 좋을까? 실제로 해보면 잠에서 깨면서 기지개를 켜는 것이 더 기분 좋다. 잠자는 동안 근육을 움직이지 않았기 때문이다.

근육은 몸에 힘을 주고, 근육에 붙어 있는 구조물이 제 기능을 하도록 도와준다. 자는 동안 근육이 쉬고 있으면 근육으로 가는 피가 일상생활을 할 때보다 덜 흐른다. 근육이 일하지 않으니 산소와 영양소를 덜 필요로 해서다. 근육으로 가는 피의 흐름이 느려지면 산소 공급이 줄고, 근육이 산소를 쓰면서 생긴 이산화탄소와 근육세포가 대사를 하면서 만든 노폐물이 빠져나가는 것도 느려진다.

기지개를 켜면 근육이 펴지면서 혈관도 풀리고 근육으로 가는 피의 흐름이 빨라진다. 그러면 핏속 산소와 영양소 공급이 활발해지면서 근육이 충분한 산소를 공급받아 기분이 좋아진다. 나무들이 이산화탄소를 소모하고 산소를 내보내 공기 중에 산소가 많은 숲에 가면 기분이 좋아지는 것과 같은 원리다.

사람의 몸에는 세 가지 근육이 있는데, 바로 뼈대근육과 심장근육 그리고 민무늬근육이다. 근육에는 액틴actin과 미오신myosin이라는 두 가지 단백질이 섬유 모양으로 길쭉하게 분포하고 있으며 근육이 수축했다가 다시 이완하는 기능을 한다. 바로 이 액틴과 미오신이 배열되어 있는 모양에 따라 근육의 종류를 구별한다.

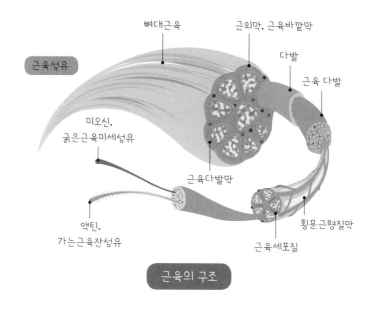

근육섬유

뼈대근육

근외막, 근육바깥막

다발

근육 다발

미오신,
굵은근육미세섬유

근육다발막

액틴,
가는근육잔섬유

횡문근형질막

근육세포질

근육의 구조

뼈대근육은 액틴과 미오신이 아주 규칙적으로 배열되어 있어서
일정한 가로줄무늬처럼 보이는데, 뼈대를 움직이거나 위치를 고정
시키며 소화관과 기도, 요로의 입구와 출구를 여닫는다. 심장근육
은 뼈대근육보다 작고 핵도 하나뿐이다. 신경자극 없이도 스스로
수축해서 심장에 들어온 피가 온몸으로 돌아다니도록 내보내 피가
순환하게 하고 혈압을 유지시킨다. 민무늬근육은 가늘고 작은 세포
로 되어 있고 액틴과 미오신이 세포질세포에서 핵을 뺀 세포막 안의 부분 안
에 흩어져 있어서 현미경으로 들여다봐도 가로줄무늬는 보이지 않
는다. 소화관, 기도, 요로, 혈관 등에 분포해 음식물, 공기, 소변, 피

를 옮길 뿐 아니라 이를 쉽게 하기 위해 지름을 조절할 수 있다.

그렇다면 잠을 잘 때 액틴과 미오신은 어떻게 될까? 잠을 잘 때처럼 움직임이 별로 없는 경우 액틴과 미오신의 활성이 떨어져 근육이 긴장하고, 심하면 딱딱하게 느껴질 수도 있다. 또한 사람이 목숨을 잃으면 숨을 쉬지 못하니 근육은 필요한 산소를 공급받지 못하고, 기능을 못해 굳는다. 이를 사후강직死後強直 또는 사후경직死後硬直이라 하며, 근육을 쓰지 않아서 아주 심하게 굳은 것과 마찬가지다.

기지개를 켤 때 다리근육, 특히 종아리 부분에 근육이 딱딱해지면서 통증을 느낄 때가 있다. 흔히 '쥐가 났다'고 표현한다. 쓰지 않은 근육에 기지개를 켜면서 갑자기 힘이 더해지자 근육이 수축하면서 생기는 현상이다. 근육이 뭉치면 풀리기까지 오래 걸리기도 하고, 풀어지지 않는 경우도 있으므로 손으로 주물러야 한다. 빨리 풀기 위해 바늘로 근육을 찌르기도 하는데, 감염병을 일으킬 수 있는 미생물이 사람, 동물, 식물의 조직, 체액, 표면에 정착해 증식하는 현상될 위험이 있어서 추천할 만한 방법은 아니다.

활동을 하려면 에너지가 필요해

아침에 일어나면 쉬고 있던 몸이 활동을 시작한다. 이때 에너지를 만드는 데 필요한 영양소와 산소가 잘 공급되어야 하루를 산뜻하게 시작할 수 있다. 공기 중에 일산화탄소가 포함되어 산소 공급 능력이 떨어진 상태라면 아침부터 힘들 수밖에 없다.

사람이 생명을 이어가려면 숨을 쉴 때 들어온 산소가 폐허파로 가서 핏속의 헤모글로빈혈색소에 결합한 뒤 온몸을 돌아다니다 산소를 필요로 하는 조직세포가 모여서 이뤄진 덩어리로, 장기의 일부과 세포에 공급되어야 한다. 공기 중 산소의 비율은 21퍼센트로, 78퍼센트를 차지하는 질소 다음으로 많다. 그 외에 아르곤, 이산화탄소, 수증기 등이 1퍼센트를 차지한다. 그런데 공기 중에 일산화탄소가 포함되어 있어서 숨을 쉴 때 아주 조금이라도 폐로 들어온다면 산소보다 200배 이상 강하게 헤모글로빈에 결합할 수 있다. 그러므로 산소의 1/200 정도 되는 일산화탄소가 폐로 들어오면 헤모글로빈에 결합하는 산소의 양은 반으로 줄고 나머지 반은 일산화탄소가 차지한다. 그러면 조직과 세포에 필요한 산소를 충분히 공급받지 못하고 대사활동으로 생겨난 이산화탄소 등 노폐물을 제거할 수가 없어져 문제가 생긴다.

일산화탄소는 탄소가 포함된 물질이 완전히 연소되지 않아 생기는 물질로, 평소에는 공기 중에 아주 적어서 별 문제가 없다. 하지만 주로 연탄을 때서 난방을 하던 시절에는 연탄이 타면서 발생한 기체가 방문 틈으로 들어오는 바람에 일산화탄소에 중독되는 일이 흔히 일어났다. 보일러도 탄소의 불완전연소는 일어나지만 제작 기술이 좋아지면서 불완전연소를 줄이고 누출가스를 잘 차단하게 되었다. 덕분에 최근에는 일산화탄소 중독 환자가 거의 사라졌다.

일산화탄소에 중독되면 산소 공급이 줄어 저산소증이 일어난다. 그러면 몸은 산소를 공급받으려고 호흡중추를 자극해 호흡을 많이 하고 심장을 잘 뛰게 하고자 한다. 산소가 부족한 고산지대에 올라가거나 운동을 할 때 자신도 모르게 한숨을 쉬는 것도 산소 공급을 늘리기 위한 것이다. 사람의 몸이 보상 기전으로 감당할 수 있는 산소 농도는 약 16퍼센트다. 5퍼센트포인트 이상 산소 공급이 줄어들면 우리 몸은 더 이상 감당하지 못하고 산소 부족 증상이 일어난다.

일산화탄소는 색과 냄새, 맛이 없고 특별한 자극 증상도 없다. 공기 중에 일산화탄소 양이 많아져도 알기 어렵고 두통과 어지럼증, 메슥거림 등이 나타나야 문제가 생겼음을 깨닫게 된다. 더구나 잘 때는 의식이 흐리기 때문에 몸에 문제가 생겼는지 모르고 계속 자다가 혼수와 호흡마비에 이르러 생명을 잃을 수 있다.

2018년 12월 18일 새벽, 강릉에 있는 펜션에서 일어난 비극적인 사고도 이와 관련 있다. 펜션에서 잠든 고등학생 세 명이 세상을 떠났고 일곱 명이 위독한 상태로 발견되었다. 보일러 배기관이 제대로 설치되지 않아 배기가스가 새어 나왔기 때문에 일어난 사고였다.

삶과 죽음의 갈림길에 선 학생들은 응급실로 실려가 고압산소 치료를 받았다. 고압산소요법은 일반적인 대기압인 1기압보다 훨씬 높은 2.4~2.8기압 상태를 만든 뒤 100퍼센트 산소를 인위적으로 빨아들이게 하는 치료법이다. 이렇게 많은 산소를 집중적으로 공급하는 것은 조직과 세포로 산소를 빨리 보내기 위해서다. 산소는 사람의 생명 유지를 위해 꼭 필요한 기체지만 산소 자체가 사람의 몸에서 중독 증상을 일으킬 수 있는 데다 고압산소치료는 평소보다 높은 압력의 공기가 주입되므로 여러 가지 부작용이 발생할 수 있다. 불이 나는 것도 산소 때문이므로 고압산소치료를 할 때에는 화재와 폭발 위험에 철저히 대비해야 한다. 따라서 시설이 완벽하게 갖춰진 상태에서 의료 인력이 엄격하게 관리하는 가운데 치료가 이뤄져야 한다. 강릉에서 사고가 났을 때 모든 피해자가 가까운 병원에 가지 못하고, 두 명은 멀리 떨어진 병원으로 보내진 이유가 여기에 있다.

✖
수줍은
실험

오래달리기를 한 다음에 앉아서 손으로 종아리를 툭툭 건드려 보자. 바늘로 찌르는 듯한 통증을 느낄 것이다. 산소가 부족한 상태에서 몸에 쌓인 젖산 때문이다. 산성물질인 젖산은 세포에 상처를 일으켜 통증을 느끼게 하는데, 시간이 지나면 젖산이 없어져 증상도 사라진다.

일어나자마자
화장실은 당연하지

✖

콩팥과 소변

한겨울 아침에 일어나려고 버둥대다 보면 차라리
겨울잠을 자고 싶어진다. 소변이 마려운 것조차 귀찮다.
하물며 집 밖으로는 어떻게 나갈지. 추위에 단단히
대비해 롱패딩과 마스크로 무장하고 나서도 매서운
칼바람을 다 막을 수는 없을 텐데. 그러니 따끈따끈한
방에서 극세사 이불을 몸에 둘둘 말고 잠으로 겨울을
날 수 있다면 좋지 않을까? 정말이지 이불 밖은
위험하다.
잠든 사람과 달리, 겨울잠을 자는 동물은 오래도록
활동하지 않으면 모든 것이 거의 정지된 상태로
들어간다. 그래서 에너지원이 되는 영양소를 먹지
않고도 겨울을 날 수 있다.

잠들지 않는 콩팥

소변이 마려워 화장실에 가면 어떤 때는 소변이 조금 나오고, 또 어떤 때는 소변이 놀랄 만큼 많이 나온다. 이유가 뭘까?

소변에는 여러 가지 노폐물이 들어 있다. 성인이냐 아기냐에 따라 차이가 크지만 일반적으로 하루에 내보내는 노폐물은 전날과 크게 다르지 않다. 노폐물은 주로 소변으로 배출되지만 물은 땀으로도 빠져나간다. 때문에 땀이 흐르는 더운 여름에는 소변의 양이 줄어 색이 진해지고, 겨울에는 소변의 양이 늘어 묽은 색으로 바뀐다.

소변은 대개 물이 93~97퍼센트고, 나머지는 노폐물이다. 노폐물이 물보다 밀도가 높으므로 소변 비중이 물보다 약간 크고, pH는 약간 산성을 띤다. 냄새는 소변에 어떤 물질이 들었는지에 따라 달라지고, 세균이나 피는 소변에 들어 있지 않아야 정상이다.

소변을 걸러 내는 콩팥신장은 단위면적당 혈관이 가장 많이 퍼져 있는 곳이다. 혈관에 포함되어 있는 노폐물을 걸러 빠르게 잘 내보내려면 혈관이 아주 복잡한 모양으로 분포해야 하기 때문이다. 콩팥은 핏속에서 노폐물을 걸러 내지만 적혈구를 내보내지는 않으므로 소변은 빨간색이 아니다. 소변에 조금이라도 붉은빛이 돌면 걸러진 소변이 몸 밖으로 빠져나가는 과정에서 어딘가에 상처가 생긴 것이니 비뇨기과 전문의에게 검사를 받는 것이 좋다.

콩팥에서 만들어진 소변은 요관을 거쳐 방광에 이르러 저장된다. 방광에 소변이 400~500밀리리터 정도로 차오르면 배뇨 욕구를 느끼게 된다. 그럼 사람들은 보통 하루에 몇 번이나 화장실에 갈까? 하루에 빠져나가는 소변의 양은 약 1,200밀리리터이므로 하루에 세 번 화장실에 다녀오면 아무 문제가 없다. 다만 시험을 치거나 발표를 해야 해서 긴장하는 날에는 방광근육이 잘 수축되어 화장실에 자주 가고 싶어지고, 신체검사 때처럼 소변이 필요한 상황을 맞아도 방광근육이 수축되어 실제로 소변이 나오곤 한다.

잠들기 전에 물을 너무 많이 마셔도 자다 깨 화장실에 가고 싶어질 수 있다. 그러지 않았는데도 매일 밤에 일어나 화장실에 가야 한다면 괴로운 일이다. 참고 견디지 말고 의사에게 진료를 받자.

콩팥의 3대 기능은 여과, 재흡수, 분비

비뇨계통은 한 쌍의 콩팥과 소변이 흘러 내려가는 요관, 소변을 수집하는 방광 그리고 소변이 밖으로 나가는 길인 요도로 구성된다. 요관, 방광, 요도를 합쳐서 소변이 배출되는 길이라는 뜻으로 요로尿路라 한다.

비뇨계통이 하는 가장 중요한 일은 몸에 생긴 노폐물을 없애는 일이다. 하지만 피의 양과 혈압을 조절하고 소변으로 내보내는 무기염류미네랄, 이온의 농도를 적절히 맞추며, 혈액의 pH를 일정하게 유지하고 영양소를 재흡수하는 기능도 한다. 이 모든 기능이 인체의 항상성homeostasis, 항상 일정한 상태를 유지하려는 성질과 관련 있다. 사람을 포함한 생물체는 외부 자극에 민감하게 반응하면 몸에 이상이 생길 수 있으므로 체내 환경을 일정하게 유지해야 하기 때문이다.

강낭콩 모양의 콩팥은 양 옆구리 안쪽에 있으며 오른쪽 콩팥이 왼쪽보다 약간 낮게 자리하고 있다. 대개 성인의 콩팥은 적갈색을 띠고 높이는 10센티미터, 폭은 5.5센티미터, 두께는 3센티미터, 무게는 150그램이다. 소변은 각 콩팥엽의 겉질에 있는 네프론이라는 작은 대롱 모양 구조물에서 만들어지는데 이런 구조물이 양쪽 콩팥에 각각 125만 개가량 있다. 이 길이를 모두 더하면 대략 145킬로미터에 이른다.

> 네프론(nephron): 콩팥단위, 신원이라고도 한다. 여과를 담당하는 콩팥소체, 물, 무기염류, 영양소를 재흡수하는 콩팥세관으로 구분한다. 콩팥세관벽에 존재하는 여러 종류의 단백질은 각 물질을 구분해 흡수한다.

콩팥으로 흘러드는 피는 분당 약 1,200밀리리터로, 심장에서 뿜어내는 전체 피의 1/5에서 1/4에 해당한다. 콩팥의 무게가 우리 몸의 1/50에서 1/40 정도인 것과 비교하면 얼마나 많은 피가 흘러드는지 가늠할 수 있다. 이렇게 많은 피에 든 노폐물을 거르기 위해 콩팥은 프랙털 구조작은 구조가 전체 구조와 비슷한 형태로 끝없이 되풀이되는 구조를 하고 있다. 콩팥만이 아니라 작은창자와 폐도 프랙털 구조인데, 모두 뭔가를 통과시키는 곳이다. 콩팥은 핏속 노폐물을 거르고 작은창자는 소화된 영양소를 흡수하며, 폐는 숨 쉴 때 코로 들어온 산소를 받아들인다. 노폐물을 조금이라도 더 걸러 내고 산소와 영양소를 더 흡수하려면 표면적이 넓어야 하니까 프랙털 구조를 이루게 된 것이라 할 수 있다.

네프론 안에 있는 콩팥소체에서는 여과가 일어난다. 여과는 유기 노폐물이 통과해 콩팥 밖으로 나가는 기능을 가리키지만 노폐물만 아니라 물과 무기염류, 영양소포도당, 지방산, 아미노산 등가 함께 통과할 수 있다. 음식으로 섭취한 영양소가 작은창자에서 흡수되면 피를 통해 돌아다니다 필요한 곳에서 사용되어야 하는데 어쩌다 콩팥으로 들어가 버리면 몸 밖으로 빠져나가게 되니까 사람의 몸은 큰 손해를 보는 셈이다. 물론 살을 빼고 싶은 사람에게는 고마운 일이겠지만.

인류는 반세기 전까지 먹을거리가 부족한 상태로 살아왔으므로 섭취한 영양소를 함부로 내보내지 않도록 다시 흡수하는 기능을 발전시켰다. 따라서 콩팥소체에 걸러진 물질은 콩팥세관에서 다시 흡수한다. 걸러진 물의 90퍼센트 이상과, 몸에서 필요로 하는 영양소 등을 다시 흡수하는 것이다. 만약 물의 재흡수 기능이 제대로 발휘되지 않는다면 하루에 서른 번은 소변을 봐야 할 것이며, 지금보다 물을 열 배는 더 마셔야 한다.

그렇다면 소변으로 나가는 노폐물 중에는 무엇이 가장 많이 포함되어 있을까? 바로 요소尿素다. 요소는 단백질과 관련이 있다. 음식으로 먹은 단백질이 소화되면 아미노산으로 분해되어 작은창자에서 흡수된다. 이렇게 흡수된 아미노산은 피를 타고 돌아다니다 서로 합쳐져서 다양한 종류의 단백질을 합성하고, 각 단백질은 서로 다른 고유의 기능을 담당한다. 그런데 아미노산이 대사되는 과정에서 몸에 해로운 질소가 흘러나와 유리되고, 화학물질에서 떨어져 나온 질소가 몸에 많이 쌓이면 병이 생긴다. 이러한 질소를 제거하기 위해 요소가 매일 21그램가량 만들어지고, 소변으로 배출된다.

한편 뇌하수체뒤엽에서 만들어지는 항이뇨호르몬은 소변에서 물의 재흡수가 빨리 이뤄지도록 하고, 갈증을 일으켜 물을 더 마

> 뇌하수체: 뇌 가운데에 위치한 내분비기관으로, 시상하부의 지배를 받아 우리 몸에 중요한 여러 호르몬을 분비한다. 앞엽, 중간엽, 뒤엽으로 구분한다.

시게 한다. 만약 항이뇨호르몬이 생산되는 과정에 문제가 생긴다면 소변에서 물을 재흡수하지 못하므로 온종일 화장실을 들락거리는 동시에 물을 계속 마셔야 한다. 우리가 모르는 사이에 뇌하수체는 우리 생활의 불편을 아주 많이 해소해 주고 있는 셈이다.

꼭
씻어야 할까?

✖

청결과 목욕

독감은 인플루엔자 바이러스에 호흡계통이 감염되어
나타나는 호흡기 질환이다. 독감에 걸린 사람이 기침을
하면 인플루엔자 바이러스는 몸 밖으로 튀어 나가 다른
사람에게 전파될 수 있기 때문에 독감이 유행할 때면
흔히 "사람이 많이 모이는 곳에 가지 말고, 외출 뒤에는
손을 씻어라"라고 한다. 호흡기로 전파되는 독감을
막기 위해 손을 씻어야 하는 이유는 무엇일까?
기침할 때 튀어 나간 바이러스는 공기 중에 미립자의
형태로 전파되기도 하지만 어딘가에 붙어서 존재할 수도
있기 때문이다. 예를 들어 바이러스는 버스 손잡이에
붙어 있다가 사람의 손으로 옮겨 간 다음, 그 사람이
손으로 음식을 먹거나 얼굴을 만질 때 호흡기로 전파될
수 있다. 이는 수많은 병원체가 살아가는 방법 중 하나다.

안 씻으면 어떻게 될까?

이부자리에서 일어나자마자 아침 식사를 하러 가면 다른 사람에게 폐를 끼치는 것일까? 그렇다! 손을 씻지 않았기 때문이다.

잠자리에서 일어나면 바로 씻어야 한다. 자는 동안 얼굴에 흘러나온 눈물, 콧물, 땀은 남 보기도 좋지 않을뿐더러 스스로도 찝찝하다. 무엇보다 손은 아주 많이 쓰기 때문에 다른 사람에게 뭔가를 옮길 수 있으니 꼭 씻어야 한다.

매일 얼굴과 손은 씻는다고 해도 오랫동안 목욕을 하지 않으면 몸에서 냄새가 나는데, 피부에 새로운 세균이 정착해 냄새를 일으키는 물질을 만들기 때문이다. 땀내가 나는 것도 같은 원리다. 땀은 원래 냄새가 나지 않지만 땀 속에 새로운 미생물이 자라나면서 냄새를 일으키는 물질을 만들어 낸다.

또한 잠자기 전에는 반드시 이를 닦아야 한다. 자는 동안 입안에서 이를 상하게 하는 세균이 잘 번식하기 때문이다. 게다가 양치를 제대로 하지 않으면 이에 붙은 음식이 세균이 자라나는 데 필요한 영양소로 사용되어 몸에 좋지 않은 세균이 마구 늘어난다. 아침에 입 냄새가 나는 이유도 세균이 입안에 남아 있던 음식을 먹고 새로운 대사물질을 내보냈기 때문인 경우가 많다.

몸이 깨끗하지 못하다는 것은 쓸데없는 뭔가가 몸에 붙어 있다는 것이다. 우리가 사는 세상에는 사람 수와는 비교도 안 될 만큼 엄청나게 많은 미생물이 먹을거리만 있으면 언제든 침입할 준비를 하고 있으며, 사람의 몸에 필요 없는 것이 남아 있으면 이를 자신이 증식할 ^{배지}로 이용할 가능성이 크다. 증식을 시작하면 냄새를 일으키거나 몸에 해로운 물질을 만들어 내서 다른 사람에게 질병이나 혐오감을 일으킬 수 있다.

> 배지: 세균이나 동식물이 잘 자랄 수 있도록 영양분을 모아 놓은 액체나 고형의 재료.

목욕, 반드시 해야 할까?

의학의 아버지 히포크라테스Hippocrates는 "질병은 신이 내린 벌이 아니다. 사람 몸을 기준으로 안과 밖의 부조화 또는 내부 환경의 부조화 때문에 발생하므로 이 부조화를 정상으로 바로잡으면 질병이 나을 수 있다"라고 주장했다. 이는 질병을 신이 내린 벌이라 생각하던 당대의 인식을 완전히 바꿔 놓았다. 의학의 역사에서 신의 영역에 있던 질병을 사람의 영역으로 옮겨 온 혁명적인 사건이었다.

히포크라테스가 활동하기 전, 사람들은 병에 걸리면 신에게 벌을 거둬 달라고 기도했다. 이왕이면 물 좋고 공기 맑은 곳을 찾아 몸과 마음을 깨끗이 하고 기도에 들어갔다. 더 나아가 근엄해 보이는 신전을 짓고 그 안에서 기도하기도 했다. 누구를 위한 신전인지 이름 붙이기도 했는데, 질병을 쫓으려면 아폴론의 아들이자 의술의 신인 아스클레피오스를 위한 신전에서 기도하는 게 마땅했다. 따라서 그리스에는 수많은 아스클레피오스 신전이 세워졌다.

골치 아픈 일이 많은 속세를 떠나 물 좋고 공기 맑은 곳에서 몸과 마음을 깨끗이 하고 쉬면서 수시로 기도하니 전보다 몸이 나아지는 것은 당연했다. 몸을 깨끗이 하면 건강에 도움이 된다는 것은 오래전부터 알려져 있었다. 그리스의 뒤를 이은 로마에서는 엄청나게 크고 시설이 잘 갖춰진 목욕탕을 짓기도 했다. 우리나라 사람들도 계곡의 맑은 물에서 목욕을 하면서 몸을 깨끗이 하곤 했다.

사람들이 사회적으로 위생 관념을 가지기 시작한 것은 18세기 말부터 19세기 초의 일이었다. 여기서 '사회적'이라는 것은 사회 구성원이 집단적으로 위생을 청결히 하지 않으면 새로운 질병이 유행하는 이유가 된다는 사실을 알게 되었다는 뜻이다. 실제로 공중보건학은 영국의 의사 존 스노가 1850년대 런던에서 콜레라로 죽은 환자들의 집을 지도에 표시하다가 특정 회사의 수돗물이 콜레라 전파의 아주 중요한 원인이라는 사실을 깨달으면서 시작되었다.

조선 시대에는 한강이나 청계천에서 목욕이나 빨래를 해도 별문제가 없었지만 산업화가 진행된 오늘날 한강에서 목욕을 하는 것은 위생에 큰 문제가 될 수 있다. 높은 곳에서부터 물이 흘러내리면서 계속해서 오염되었기 때문이다. 한강에 들어가 목욕하는 풍습은 거의 사라졌지만 인도의 인더스강이나 갠지스강 유역에는 집단으로 강에 들어가 몸을 씻는 풍습이 남아 있다. 수천 년 전의 깨끗한 강이 아니라 오염이 진행될 대로 된 강에서 목욕하는 건 위생에 좋지 않지만, 성스러운 강이라 믿기 때문에 종교 행위로서 목욕을 하는 사람이 많다. 얼마나 오염되었는지 잘 모르거나 다른 대안이 없어서 깨끗하지 않은 물에서 몸을 씻기도 한다.

한편 우리나라는 대중목욕탕에서 때를 미는 문화가 발달했다. 예전보다는 줄었지만 이태리에는 없는 '이태리타월'로 때를 밀면서 쾌감을 느끼는 사람이 여전히 많다.

때는 피부 표면에 위치한 세포가 더 이상 쓸모없어지면서 각질이 되어 떨어져 나온 것이다. 집집마다 바닥에 먼지가 쌓이는 이유 중 하나가 이것이다. 피부 표면에서 제 수명을 다한 세포는 아쉽게도 한순간에 깔끔하게 떨어지지 않고 너덜너덜하게 붙어 있다가 때가 되면 떨어져 나간다. 목욕탕에서 물에 몸을 불린 뒤 수건으로 밀면 죽은 세포가 서로 뭉쳐져 때의 형태로 떨어져 나가기도 한다. 누구나 몸을 만져 보면 실감할 수 있다. 목욕 전에는 피부 표면에 죽은 세포가 붙어 있어 거칠거칠하지만 때를 민 뒤에는 피부가 매끈하다.

정상적인 피부는 계속해서 새로운 세포가 생겨나고 수명을 다한 세포는 자연스럽게 밖으로 떨어져 나가므로 때가 일어나는 건 당연하다. 그런데 목욕 뒤 매끈해진 피부를 좋아하는 사람은 때가 완전히 나오지 않을 때까지 줄기차게 밀곤 한다. 그러다 보면 아직 수명을 다하지 못한 세포도 함께 떨어져 피부에 상처가 생길 수 있다. 그러니 거친 때밀이용 수건 말고 덜 자극적인 수건으로 몸을 닦자.

비누칠도 지나치면 피부 건강을 해친다. 비누칠로 피부에 붙어 있는 이물질을 없애면서 정상적으로 존재하는 기름기마저 제거하기 때문이다. 그래서 두 번 세 번 비누칠을 거듭하지 말고, 목욕 뒤에는 보습제를 발라 자연적인 상태에 가깝게 피부를 유지하는 게 좋다.

그렇다면 우리 몸에서 씻으면 안 되는 곳도 있을까? 있다. 바로 귓속이다. 귀지는 외이도귀의 입구에서 고막에 이르는 부분에 분포한 귀지샘에서 분비되는 지질과 난백질, 표피에서 떨어져 나온 각질세포가 합쳐져 만들어진다. 귀지는 약산성을 띠고, 피부처럼 미생물 감염으로부터 보호 기능을 하는 물질을 지니고 있다. 게다가 이물질의 피부 침투를 막는 쓸모 있는 노폐물이다. 그런데 귀지를 자주 파거나 물속에 오래 있으면 귀지의 항균 작용이 감소한다. 그러니 귀지는 소리가 들리지 않을 정도로 커지기 전까지는 없애지 말자. 그럼 귀지가 너무 커 병원에 가면 어떻게 될까? 우리나라 사람들은 보통 마른 귀지가 많으므로 병원에서는 이를 용해하는 약을 넣은 뒤 감염을 예방하는 조치를 취하고 없앤다.

아침식사는
꼭 해야 하나?

✖

음식과 소화

삼시 세끼를 규칙적으로 적당히 먹는 게 좋다는 건
누구나 안다. 하지만 아침에 부랴부랴 나갈 준비를 하다
보면 밥 한 숟가락 먹는 것도 쉬운 일이 아니다. 바쁘고
귀찮아 아침을 거르면 오전 내내 꼬르륵 소리에 시달릴
테니 토스트 한 조각에 우유 한 모금을 겨우 마시고
집을 나서곤 한다. 이렇게 정신없을 줄 알면서도, 그래도
다음날 아침에 일어나려고 하면 밥보다 잠이 더 고프다.
옛날에는 음식이 부족해 하루 두 끼 먹기도 힘들었을
텐데 왜 현대인에게는 하루 세끼를 정해진 시간에
일정하게 먹으라고 할까? 끼니를 거르면 몸에서는 어떤
일이 벌어질까?

건강에 좋은 식습관이 따로 있을까?

우리나라 사람의 평균 수명은 1970년에 62세였으나 2017년에는 83세로 크게 늘었다. 오래 사는 건 좋은 일이지만 더 중요한 건 '건강하게' 오래 사는 것이다. 이를 위한 방법은 여러 가지지만 적절한 운동과 음식 섭취, 바람직한 생활 습관 유지가 가장 중요하다. 지금 이야기하는 '하루 세끼를 때맞춰 적절히 먹는 것'은 바람직한 식사 습관에 속한다. 오래전에는 다른 식생활 습관을 가진 집단도 많았지만 근대에 들어 전 세계가 많은 정보를 공유하면서 하루 세끼 식사는 거의 모든 집단의 식생활 습관으로 자리 잡았다.

그렇다면 우리는 세끼 중 언제 제일 푸짐하게 먹을까? 이론적으로는 저녁보다 아침과 점심을 잘 먹는 편이 건강에 좋다. 아침에 먹은 음식에서 얻은 영양소를 써 오전을 보내고, 점심으로 먹은 영양소를 이용해 오후를 보내고, 저녁은 잠들기 전까지 필요한 적은 영양소를 먹어야 자는 동안 소화계통도 쉴 수 있다. 지나치게 많은 에너지원이 몸에 저장되는 일도 막아야 함은 물론이다. 그런데 사람들은 보통 아침은 적게 먹고 저녁에는 영양가 넘치게 먹는다.

인류가 수만 년간 해온 생활 습관은 아침에 일찍 일어나 물을 긷고 먹을거리를 찾아다니며 에너지를 쓰고 시간을 보낸 뒤 서서히 식욕이 느껴질 때쯤 식사를 하는 것이었다. 그러나 근대 이후 전구가 일상을 지배하면서 낮에 하던 일이나 공부, 취미 생활을 밤늦게까지 하다 보니 잠자리에 드는 시간은 점점 늦어지고 잠자는 시간도 줄었다. 게다가 학교나 직장에 갈 시간은 정해져 있으니 아침에 일어나서 집을 나설 때까지 걸리는 시간이 점점 짧아졌다. 따라서 식욕이 생길 때까지 충분한 시간을 가지지 못하고, 식사를 할 시간을 내는 것도 어려우니 아침 식사량은 점점 더 줄어든 것이다.

오늘날 아침을 먹어야만 하는 이유는 분명하다. 오전에 공부든 일이든 무엇이든 하려면 에너지가 필요하므로 에너지원을 공급해야 하는 것이다. 자신은 비만이라 몸에 쌓인 영양분이 넉넉하니 굳이 식사를 하지 않아도 될 거라고 생각할 사람이 있을지 모르겠다. 하나만 알고 둘은 모르는 이야기다. 평소 잘 먹던 사람이 아침을 먹지 않으면 점심 때 너무 많이 먹게 되고, 영양소가 규칙적으로 공급되지 않는다는 것을 알아차린 사람의 몸은 들어오는 영양소를 점점 더 잘 보관하며 적응해 간다. 결국 건강하려면 부지런히 아침을 먹는 편이 좋다. 물론 양은 적당히, 영양소의 균형이 잡힌 식단이어야 한다.

가장 바람직한 영양소 균형은 곡물 30퍼센트, 채소 30퍼센트, 과일 15퍼센트, 단백질 15퍼센트, 유제품 10퍼센트지방 함량이 적거나 없는 우유, 요구르트, 치즈 등 정도다. 우리나라에서는 일반적으로 탄수화물 섭취량이 많은데 사람들이 매끼 먹는 쌀과 밀가루 등의 곡류에 탄수화물이 많아서다. 그러므로 곡물을 덜 먹으려면 식사 습관 자체를 바꿔야 한다. 특히 과일과 채소를 신경 써서 먹어야 한다.

음식을 먹는 것은 영양소 흡수를 위한 일

보릿고개라는 말이 있었다. 가을에 수확한 양식이 거의 떨어졌는데 보리는 아직 여물지 않은 5월에서 6월음력 4월에서 5월 사이, 즉 식량 사정이 매우 어려운 시기를 가리키는 말이다. 봄에 곤궁하게 지낸다고 해서 춘궁기春窮期라고도 했다. 한국전쟁 직후까지도 춘궁기는 거듭되었으나 시간이 흘러 경제가 발전하고 농사 기술이 좋아지면서 보릿고개라는 말도 우리 곁을 떠났다.

과거에는 아침을 굶는다고 하면 가정 형편이 어렵다는 뜻이었다. 보릿고개가 있던 시절에는 아침은커녕 점심 도시락도 챙기지 못하는 사람이 많았다. 지금이야 늦잠을 택하고 아침을 굶더라도 몇 시간만 기다리면 맛있는 점심이 기다리고 있으니 배고픔은 순간의 괴로움일 뿐이다. 그러니 아침을 먹더라도 간단히 죽이나 토스트를 만들어 먹는 경우가 많다. 특히 죽은 씹지 않아도 되므로 식은 죽은 물을 들이켜듯 꿀꺽 삼키는 사람이 많다. 이건 건강에 문제가 없을까?

음식을 씹는 것은 음식을 잘게 쪼개기 위해서다. 음식이란 사람에게 필요한 영양소가 뭉쳐진 덩어리며, 이 덩어리가 완전히 소화되어야 몸속으로 흡수된다.

소화는 물리적 소화와 화학적 소화로 나눌 수 있다. 물리적 소화는 이로 씹는 힘과 위나 창자가 꿈틀거리는 꿈틀운동연동운동을 함으로써 음식을 잘게 쪼개는 과정이고, 화학적 소화는 소화를 담

당하는 효소에 의해 음식을 이루
는 물질이 더 작은 성분으로 나뉘
는 과정이다. 속이 좋지 않아 구토
를 하면 위에 존재하는 액체가 식

효소: 화학반응이 일어날 때 자신은
변화하지 않고 반응이 잘 일어날 수
있도록 반응을 매개하는 물질. 소화
효소는 음식이 소화될 때 크기가 큰
분자를 작은 분자로 분해한다.

도를 거쳐 입으로 올라온다. 이때 기분이 좋은 사람은 아무도 없을
것이다. 위액에 든 염산이 식도를 거쳐 올라오면서 식도벽의 세포에
해를 끼치기 때문이다. 위액은 음식을 잘게 부수고, 세균이 입속으
로 침입하면 그 세균을 사멸하는 강력한 작용을 한다.

　호로록 먹을 수 있는 죽을 만들었다는 것은 이로 씹고 위액이
음식을 잘게 부수는 기능을 미리 했다는 것과 같다. 따라서 빨리
먹을 수 있고 소화도 잘 된다. 대신 죽 한 그릇을 만들 때는 평소에
사용하는 쌀의 10~20퍼센트만 사용하므로 다섯 그릇에서 열 그릇
은 먹어야 평소만큼 쌀을 먹은 것과 같아진다. 이게 바로 죽을 먹으
면 배가 빨리 꺼지는 이유다.

　음식을 꼭꼭 씹어 먹으라고 하는 것도 소화를 위해서다. 맛있는
음식을 보고 빨리 배를 채우려고 음식을 덜 씹고 얼른 삼키면 위
에 이른 음식의 크기가 평소보다 클 수밖에 없다. 그러면 평소와 같
은 노력으로는 음식을 제대로 소화시킬 수 없어서 소화계통은 더
노력해야 한다. 이게 뭐가 문제냐고? 우리가 모르는 사이에 몸이 피
곤해지는 게 문제다.

　물론 소화가 잘되지 않아서 영양소가 작은창자벽을 통해 흡수

될 만큼 잘게 쪼개지지 않으면 흡수되지 않고 배출되는 양이 많아진다. 이렇게만 되면 먹는 만큼 배출이 늘어나 마음껏 먹어도 살이 찌지 않을 테니 건강에 아무 문제가 없을 것이다. 그러나 현생인류의 탄생 뒤 수만 년 동안 먹을 것이 부족한 상태로 살아온 조상을 둔 우리의 몸은, 먹을 수 있는 기회가 왔을 때 놓치지 않고 최대한 몸속에 저장해 언제 들어올지 모를 다음 음식이 새로운 영양소를 공급해 줄 때까지 버티는 식으로 발전해 왔다. 음식을 제대로 씹지 않고 삼키는 습관을 들이면 수시로 무리한 소화계통에 탈이 나서 건강하지 못한 상태로 보내는 날이 많아질 수밖에 없다.

냄새는 코,
맛은 혀로 결정한다?

✖

냄새와 맛

시각, 후각, 청각, 미각을 특수감각이라 한다. 이 중
하나라도 제대로 기능하지 못하면 세상을 살아가는
일이 매우 불편해진다.
미국에 있는 박물관, 리플리의 믿거나 말거나
Ripley's Believe It or Not!에는 손가락으로 글을 읽는 사람,
하나뿐인 눈이 얼굴 가운데에 있는 사람, 눈동자가
2개인 사람 등 도저히 믿을 수 없는 사람들이
존재한다는 이야기가 있지만 의학적으로는 거의
불가능한 일이다. 특수감각은 어느 날 갑자기 하늘에서
뚝 떨어지는 것이 아니라 그 주변이 서로 잘 연결되어야
비로소 발휘되기 때문이다.

사람의 코는 냄새를 잘 맡지 못한다

과학적으로 이야기하자면, 냄새란 어떤 사물이나 물질로부터 특정 분자가 떨어져 나와 후각을 담당하는 세포를 자극하는 현상이다. 사람은 코에 후각을 담당하는 세포가 있으며, 사람보다 개가 냄새를 잘 맡는 것은 코에 후각을 감지하는 세포가 훨씬 더 많기 때문이다. 하등동물 중에는 후각을 감지하는 곳이 온몸 구석구석에 존재하는 동물도 있지만 양서류 이상의 고등동물은 주로 코와 입에 후각을 감지하는 세포가 있다. 뱀은 코보다 입이 후각에 중요한데, 혀를 낼름거려서 냄새의 재료를 입으로 보내 감지한다.

사람의 후각 수용기후각을 감지하는 곳는 콧구멍의 윗부분 점막에 위치한 상피세포다. 숨을 쉴 때 들어온 공기에 포함된 후각을 일으키는 물질이 점막에 닿으면 후각을 담당하는 세포가 이를 감지해 후신경을 거쳐 뇌로 그 신호를 전달한다.

'냄새가 독하다'는 것은 후각을 자극하는 물질에 따라 감지하는 정도에 차이가 있음을 의미하며, 물질의 농도와 후상피세포코의 상피에서 후각을 감지하는 세포로 흘러 들어오는 속도도 냄새의 정도를 결정하는 요인이다. 사람의 코는 개와 비교하면 냄새를 감지하는 능력이 떨어질 뿐 아니라 자극이 오래 지속되면 쉽게 순응해 자극을 잃어버린다. 이를 '후각이 피로해진다'고 한다. 그래도 다른 냄새에는 다시 반응할 수 있고, 그 뒤에 원래의 냄새를 맡는 것도 가능하다. 몰래 뀐 방귀 냄새를 맡은 친구가 "어유, 독한 냄새!"라며 코를 싸

쥐었다가도 얼마 지나지 않아 냄새가 나는 것을 모른 채 불편 없이 자기 할 일을 하는 것은 이 때문이다.

후각 수용기는 특정 냄새를 식별할 수 있으며 뇌는 각 냄새를 기억해 둔다. 냄새에 대한 기억은, 다음에 같은 냄새를 또 맡게 될 때 그 정보를 쉽게 받아들이게 한다. 그리고 때로는 비슷한 냄새를 맡았을 때 헷갈리게 만든다.

한편 사람보다 후각 기능이 훨씬 뛰어난 개는 경찰견이나 탐지견으로 훈련받아 잃어버린 사람을 찾거나 금지된 약품, 폭탄용 화약 등을 찾는 데 큰 도움을 주고 있다. 개만큼 후각이 뛰어난 동물로 돼지도 있다. 돼지 유전체를 분석한 자료에 따르면 돼지는 후각을 담당하는 유전자가 아주 발달한 것으로 나타났다. 프랑스 농부는 전통적으로 돼지를 이용해 야생 송로버섯을 찾곤 했는데 이 돼지들의 유전자 분석 결과 개보다 후각이 더 발달되어 있었다. 현재는 이 후각 유전자가 어떻게 그토록 발달할 수 있었는지 연구하고 있다.

혀도 맛을 잘 구별하지 못한다

흔히 혀로 '맛을 본다'고 한다. 그러나 '보기 좋은 음식이 맛도 좋다'라는 옛말에서 알 수 있듯, 맛이 혀만으로 결정되는 것은 아니다. 아무리 먹음직스러워 보이고 맛있는 음식을 먹더라도 코를 막으면 맛을 잘 느끼지 못한다. 맛은 혀의 미각으로만 느끼는 것이 아니라 눈의 시각과 코의 후각이 함께 모여서 느끼는 것이다. 이를 볼 때 한자로 風바람 풍과 味맛 미가 합쳐진 '풍미'라는 단어는 과학적으로도 참 옳은 말이다.

사람은 후각이 미각보다 훨씬 민감하다. 감기에 걸리면 코가 막혀 후각을 감지하기가 어려워진다. 그 결과 공기 중에 존재하는 분자들이 후각 수용기에 이르기 어려워져 냄새를 맡지 못한다. 때문에 맛봉오리가 정상적으로 미각을 감지해도 맛을 느끼기 힘들다.

맛을 정상적으로 느끼지 못하면 미맹味盲이라 한다. 미각을 아예 느끼지 못하거나 정상보다 약해진 상태가 있고, 특정한 맛을 느끼지 못하는 경우도 있다. 이를 확인하는 대표적인 검사법은 PTCphenylthiocarbamide라는 물질을 이용한 방법이다. 정상인은 PTC의 맛이 쓰다고 느끼지만 미맹이면 아무 맛도 못 느끼거나 쓴맛이 아닌 다른 맛으로 느낀다. 다른 맛에 대해서는 각기 다른 물질로 검사할 수 있다.

살 빼는
호르몬?

위암처럼 위에 심각한 병이 생기면 어떻게 치료할까? 항암제와 같은 약을 사용하거나 암이 생긴 부위를 잘라내는 위 절제술이 가장 대표적인 치료법이다. 그런데 위의 일부 또는 전체를 잘라 내는 수술을 받은 환자의 몸무게가 줄어드는 현상이 발견되었다. 이유가 무엇일까?

위는 입과 식도를 거쳐 들어온 음식물의 소화에 중요한 기능을 하는 장기이므로 위를 잘라 내면 소화가 잘되지 못해서 제 기능을 다하지 못한 채 음식물을 작은창자로 흘려보낸다. 소화효소를 가장 많이 분비하는 곳은 췌장이자이며, 췌장에서 분비한 효소는 작은창자로 들어와서 위에서 완전히 소화되지 않은 음식물을 소화시킨다. 그러나 위에서 소화가 제대로 되지 않으면 작은창자에 이르러도 완전히 소화를 하지 못해 영양소가 작은창자 융모막을 통해 몸속으로 흡수되지 못하므로 대변과 함께 배설되기가 쉽다. 이것이 위를 잘라낸 환자의 몸무게가 늘지 않는 이유라고 오랫동안 여겨 왔다.

그런데 1996년대에 앤드루 하워드 등이 새로운 호르몬이 결합할 수 있는 수용기를 발견하고, 1999년에 마사야스 코지마 등이 위에서 성장호르몬을 유리시키는 기능을 하는 단백질을 발견하면서 이야기가 달라졌다.

이것이 바로 위와 샘창자에서 분비하는 호르몬의 하나인 그렐린ghrelin, 성장호르몬이 유리하는 단백질이라는 뜻이다. 몸무게가 줄면 핏속에 존재하는 그렐린의 농도가 높아져 식욕을 자극하게 되므로 몸무게가 늘고, 위를 절제하는 수술을 하면 그렐린 분비가 줄어 핏속 농도가 낮아진 채 유지되어 몸무게가 줄어든다는 사실이 밝혀진 것이다.

그렐린은 '배고픔을 느끼는 호르몬'이라는 별명이 붙었으며, 우리나라에서는 소화계통이 비어 있는 상태에서 분비된다는 이유로 '공복호르몬'이라 한다. 이런 별명이 붙은 이유는 배가 고플 때 분비되어 허기를 느끼게 하기 때문이다. 그렐린이 분비되면 뇌의 시상하부에 있는 뉴로펩티드라는 물질을 활성화시켜 배고픔을 느끼게 만든다. 따라서 식사를 하고 싶은 충동을 느끼고, 음식을 먹고 위가 차면 그렐린 분비량이 줄어든다.

한편 비어 있는 위에 음식물이 들어와 위가 차면 그렐린 분비가 줄어들면서 렙틴leptin이라는 호르몬 분비가 증가한다. 렙틴은 음식을 먹기 시작한 뒤 약 20분이 지나면 포만감을 느끼게 해서 식욕을 누르는 기능을 한다. 그렐린과 렙틴은 단순히 음식을 먹으라거나 그만 먹으라는 자극을 주는 것 외에도 여러 기능을 담당하지만 대표적인 기능은 식욕을 조절하는 것이다.

앞으로 그렐린의 기능을 조절할 수 있는 물질을 찾아낸다면 몸무게 조절이 쉬워질 수 있다. 언젠가는 우리 모두가 식욕 때문에 힘들어하지 않고, 원하는 몸무게를 손쉽게 얻을 수 있을까?

척추야, 늘어나라.

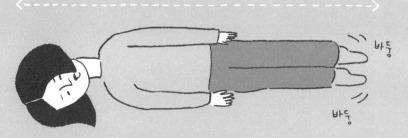

바둥

바둥

저는 키 누워서 잴게요.

2. 활기찬 오전

자라나는 키와 피부

신체검사를 하는 날. 그동안 나는 얼마나 폭풍
성장했을까? 오늘을 위해 키 크기 비법을 알아
났다. 허리를 펴고, 목을 세우고, 머리를 높이
묶을 예정이다. 그리고 누워 있다 벌떡 일어나서
재야지!

아침에는 키가 커지고
발이 작아진다

✖

몸속 물의 이동

갓 태어난 아기는 하루가 다르게 쑥쑥 자란다.
세상에 나올 때 아기의 몸무게는 보통 3.5킬로그램인데
1년이 지나면 약 10킬로그램에 이를 만큼 자란다.
1년 새 세 배나 몸집이 커진다니! 엄청난 속도다.
물론 첫 돌을 지나 두 돌을 맞을 때까지 또 세 배가
자라는 것은 아니다. 사람이 가장 빠르게 자라는 시기는
태어나서 첫 1년간이다. 그 뒤로 몇 년 동안은 매년
약 2킬로그램씩 늘어난다. 그리고 사춘기에 이르면
키가 훌쩍 커지면서 몸무게도 갑자기 늘어난다. 키는 왜
사춘기에 많이 자라고, 또 하루 중 언제 가장 클까?

키가 자라는 이유

아기가 자라는 것은 세포 수가 늘어나기 때문이다. 세포 수가 늘어나려면 세포가 분열을 잘해야 하며, 세포가 분열을 잘하려면 유전 정보를 지닌 DNA^{deoxyribonucleic acid}와 다양한 기능을 하는 단백질이 잘 만들어져야 한다. 세상에 공짜는 없으므로 DNA와 단백질을 합성하기 위해서는 재료로 쓸 수 있는 DNA 조각과 단백질의 기본단위가 되는 아미노산이 충분히 공급되어야 하며, 이를 위해서는 음식을 잘 먹어야 한다. 과거보다 오늘날 평균 키가 커진 것도 음식을 통한 영양 섭취가 좋아져서다.

2017년에 보건복지부 질병관리본부와 대한소아과학회에서 발표한 소아성장도표에 따르면 키의 변화는 오른쪽 표와 같다.

표에서 알 수 있듯 키가 가장 잘 자라는 시기는 태어난 직후다. 4세부터 사춘기가 시작될 때까지는 일정하게 자라는데, 사춘기가 되더라도 키가 전보다 훨씬 빨리 자라는 것은 아니다. 사춘기를 지나면 키가 거의 자라지 않고 유지된다.

키가 자라려면 성장호르몬이 분비되어야 한다. 성장호르몬은 대체 무엇일까? 우리 몸의 한 부분에서 분비되어 혈액을 타고 표적기관^{몸속에서 기능을 나타낼 수 있는 곳}으로 옮겨져 적은 양으로 사람의 몸에서 아주 중요한 기능을 수행하는 화학물질을 호르몬이라 한다. 호르몬 중에서 키를 자라게 하는 데 가장 큰 몫을 하는 것이 바로 성장호르몬이다.

나이	남	여
0	49.9	49.0
1	75.7	74.1
2	87.1	85.7
3	96.5	95.4
4	103.1	101.9
5	109.6	108.4
6	115.9	114.7
7	122.1	120.8
8	127.9	126.7
9	133.4	132.6
10	138.8	139.1
11	144.7	145.8
12	151.4	151.7
13	158.6	155.9
14	165.0	158.3
15	169.2	159.5
16	171.4	160.0
17	172.6	160.2
18	173.6	160.6

우리나라 어린이와 청소년의 평균 키(단위: cm)

그렇다면 성장호르몬은 어디서 분비될까? 뇌하수체앞엽에서 분비하는 호르몬의 하나가 성장호르몬이다. 성장호르몬은 여러 일을 하지만 그중에서도 특히 뼈와 연골 등의 성장을 돕는 중요한 기능을 한다.

따라서 아기가 건강하게 자라나기 위해서는 영양 상태가 잘 유지되어야 할뿐더러 성장호르몬이 정상적으로 분비되어야 한다.

아침에 키를 재면 저녁보다 크다고?

키를 잴 때 조금이라도 키를 키우려면 가슴을 활짝 펴는 게 좋다. 긴 머리카락을 높이 묶어 만두 머리로 만드는 것도 서 있을 때 머리부터 발바닥까지의 거리, 즉 키를 크게 하는 방법이다.

이런 방법을 쓰지 않고 하룻밤 사이에 키가 1센티미터 이상 자랄 수 있을까? 그럴 수 있다. 1센티미터는 조금 많기는 하지만. 직접 재보자. 아침에 일어났을 때와 잠자기 직전에 키를 재보면 0.5센티미터 이상 차이가 나는 건 흔하다. 아침에 잰 키가 저녁에 잰 키보다 더 크기 때문이다. 왜 그럴까?

가장 큰 이유는 지구의 중력 때문이다. 아침에 일어나 움직이면 지구가 끌어당기는 힘을 받는다. 사람이 서서 몸을 지탱할 수 있는 것은 척추가 외관을 유지하기 때문인데, 척추는 뼈가 수십 개 연결된 모양을 하고 있다. 뼈와 뼈 사이의 신경은 신체 말단에서 얼은 정보를 뇌로 전달한다. 무슨 이유에서든 이 신경이 눌리면 통증을 느끼고, 심한 경우 일상생활이 곤란해진다. 그런데 온종일 돌아다니다 보면 척추와 척추 사이의 공간은 지구의 중력 때문에 찌그러진다. 이것이 밤에 잠들기 전에 키가 작아지는 이유다. 일단 잠이 들면 몸을 쭉 펴면서 편한 자세를 유지하니까 척추와 척추 사이가 늘어나면서 키가 커진다.

마찬가지로 아침 일찍 구두 가게에서 구두를 신어 보고 발에 꼭 맞는 걸 확인한 뒤 샀는데 밤늦게 다시 신어 보니 발이 잘 들어가지 않을 때가 있다. 이것도 중력 때문이다. 온종일 몸이 아래쪽으로 힘을 받다 보니 뼈와 뼈 사이에 위치한 구조물이 좁아지듯이 몸의 2/3를 구성하는 물이 몸 아래쪽으로 몰려 발이 커지는 것이다. 게다가 신발에 발이 너무 꼭 끼면 중력의 작용뿐만 아니라 신발 옆면이 발을 자극해 발이 더 커질 수도 있다. 더욱이 새 신발을 신으면 발에 물집도 잘 생기므로 오전에 너무 끼는 새 신은 신지 않는 편이 좋다.

중력이 키를 크게도, 작게도 만든다면 중력이 없는 진공 상태에서는 키가 더 커질까? 그렇다. 달을 예로 들어 보자. 지구와 비교해 중력이 약 1/6인 달에서 몸무게를 재면 지구에서의 약 1/6로 줄어든다. 따라서 달 표면에서는 무거운 사람도 손쉽게 들어 올려 멀리 던질 수 있다. 멀리뛰기를 해도 지구에서보다 여섯 배는 더 멀리 뛸 수 있다. 중력이 작으니 척추에 더해지는 힘도 작아져서 키가 커진다. 우주비행사처럼 오랜 기간 중력이 없는 곳에서 지낸다면 뼈와 뼈 사이가 늘어나는 것을 측정해 차이를 확인할 수도 있다. 결국 키가 커지려면 달처럼 중력이 작은 곳에서 살면 된다!

사춘기에는 왜
키가 잘 자랄까?

✖

성장호르몬

작년까지만 해도 친구보다 키가 작았는데 올 들어
갑자기 친구보다 키가 더 크기 시작한다?
그렇다면 사춘기가 빨리 시작되었을 가능성이 있다.
빨리 시작된 사춘기는 빨리 끝난다. 그러므로 친구의
키를 따라잡거나 조금 더 커졌다가 그 뒤로 자라지 않을
것이다. 결과적으로는 키가 작은 상태로 머물게 된다.
키가 작은 어린이와 청소년이 빠른 속도로 키가
잘 자라기 시작하면 뼈의 나이를 측정해 볼 필요가 있다.
엑스선 사진으로 성장판이 잘 열려 있는지, 뼈의 나이는
실제 나이와 같은지 등을 확인해서 앞으로 얼마나
자랄지 가늠해 보는 것이다.

키가 크려면 어떻게 해야 할까?

키가 잘 크려면 일찍 자고 일찍 일어나는 게 좋다는 말이 있다. 정말 옳은 이야기일까?

키가 자라는 데 중요한 호르몬은 세 가지다. 먼저 갑상샘호르몬은 신체의 거의 모든 세포에 영향을 줄 정도로 다양한 기능을 하는 호르몬으로 특히 성장기 아동의 뼈대, 근육, 신경계통이 정상적으로 발달하는 데 필수적이다. 그리고 성스테로이드호르몬은 스테로이드 구조를 가진 호르몬의 하나로 생식샘에서 분비되어 부생식기관으로 가서 기능을 한다. 정소에서 분비되는 안드로젠과 난소에서 분비되는 에스트로젠, 프로게스테론이 있다. 세 번째로, 키를 결정하는 데 가장 중요한 성장호르몬이 있다.

안드로젠(androgen): 남성 생식계의 성장과 발달에 영향을 미치는 호르몬의 총칭. 테스토스테론도 안드로젠에 속한다.

에스트로젠(estrogen): 모든 척추동물이 체내에서 합성한다. 특히 여성의 성발달과 성장에 필요한 성호르몬이다. 여성의 이차성징을 유도하며, 생리 주기와 임신에 영향을 미친다.

호르몬 중에는 단백질을 재료로 하는 것과 지질을 재료로 하는 것이 있는데, 성장호르몬은 단백질을 섭취했을 때 분해되어 생겨나는 아미노산을 재료로 만들어진다. 따라서 키가 자라기 위해서는 세포 분열과 성장호르몬 생산에 모두 아미노산이 필요하다. 성장호르몬은 송과선척추동물의 사이뇌 뒤쪽으로 돌출되어 있는 내분비샘에서 만들어져 분비되는 유일한 호르몬인 멜라토닌melatonin의 영향을 받아 밤

10시에서 새벽 2시 사이에 가장 많이 나온다. 그러므로 성장호르몬이 기능을 잘 발휘하도록 이 시간에는 잠을 자는 것이 좋다. 이때 중요한 것은 푹 자는 것이다. 일찌감치 잠자리에 들어도 걱정이 많아 깊이 잠들지 못하면 성장호르몬 분비가 원활하지 않기 때문이다.

성장호르몬의 주된 기능은 단백질 합성 속도를 빠르게 만들어 세포의 성장과 복제를 돕는 것이다. 거의 모든 세포가 반응하지만 특히 골격근세포와 연골세포가 성장호르몬에 잘 반응한다. 성장호르몬은 사람의 몸에서 에너지가 대사되는 과정, 스트레스, 아르기닌arginine, 인슐린insulin, 코르티솔cortisol 등의 영향을 받지만 이를 이용해 성장을 조절하기보다는 일상에서 적절한 운동과 수면으로 성장호르몬 분비를 유도하는 편이 몸에 좋다.

뼈와 연골세포가 자라게 하는 것 외에도 성장호르몬은 단백질을 합성하고 지방을 분해함으로써 단백질과 지방의 양을 조절하기 때문에 사춘기가 지나 키가 더 이상 자라지 않는 경우에도 사람의 몸속에서 일정량이 유지된다.

앞서 아침에 키가 큰 이유는 관절이 늘어나기 때문이라고 했다. 그렇다면 뼈가 크게 자라나지 않더라도 관절을 늘이면 키가 더 자랄 수 있을까? 결론부터 이야기하자면, 맞다. 매일 30분씩 철봉이나 평행봉을 이용한 운동을 하는 것도 좋다. 철봉이나 평행봉처럼 매달리는 운동을 하면 팔 힘이 세져 상체 발달에 도움이 될 뿐 아니라 매달려 있는 동안 중력의 영향을 받는다. 따라서 관절이 늘어나면서 키가 커지는 효과가 난다.

실제로 키가 자라는 게 아니라 세포와 조직처럼 관절을 구성하는 요소가 살짝 변한 것이니 땅에 내려오면 다시 줄어드는 거 아니냐고? 물론 일시적으로는 그럴 수 있다. 그러나 운동을 열심히 하면 근육세포가 크고 단단해지는 것처럼 적당한 운동을 하면 사람의 몸은 적응을 하고, 관절 부위가 받은 자극 효과 때문에 세포와 주변 구조물도 성장하게 되어서 키가 클 수 있다.

성장호르몬을 투여해 키를 크게 할 수 있을까?

사춘기에 키가 잘 자라는 것은 성장호르몬 분비가 잘되어서다. 성장호르몬 분비가 정상보다 훨씬 적으면 또래보다 키가 작을 가능성이 크다.

성장호르몬이 부족해 키가 자라지 않는다면 외부에서 성장호르몬을 넣는 방법을 시도해 볼 수 있다. 그러면 키가 빨리 자라게 할 수는 있다. 그러나 경험적으로 알 수 있듯이 남보다 키가 늦게 자라는 경우가 있으므로 성장호르몬을 투여해서 원래 예정된 키보다 더 크게 자라게 할 수 있는지 확실하지 않다. 따라서 키 때문에 학교나 사회에서 곤란을 겪는다면 성장호르몬 투여를 고려해 볼 수 있지만, 단순히 키가 작다는 이유로 성장호르몬을 투여하는 것은 권할 일이 아니다. 또한 성장호르몬이 제 기능을 하기 위해서는 이와 반응하는 수용기가 정상적으로 작용해야 한다. 즉 성장호르몬을 받아들이는 다음 단계에 이상이 있으면 아무리 성장호르몬을 투여해도 키는 자라지 않는다.

한편 키가 너무 커지는 상황도 생길 수 있다. 즉 뇌하수체에서 성장호르몬 합성이 늘어 핏속으로 성장호르몬이 지나치게 많이 쏟아져 나오는 경우다. 이런 현상이 일어나는 가장 큰 이유는 성장호르몬을 분비하는 부위에 종양이 생겨서다. 종양은 세포가 비정상적으로 많이 자라는 상태로, 일반적인 세포는 30번쯤 분열하면 죽어 사라지지만 종양으로 발전한 세포는 비정상적으로 오래 생존하면서 주변으로 자라난다. 뇌하수체에 발생하는 종양 중 가장 흔한 선종이 성장호르몬 과다의 가장 흔한 원인이다. 종양세포가 자라면 성장호르몬 합성도 많아진다.

사춘기 이전에 성장호르몬이 필요보다 더 많이 만들어지면 키가 과도하게 커질 수 있으며, 이를 거인증이라 한다. 사춘기 이후에는 키가 더 이상 자라지 않는 것이 정상이지만 성장호르몬이 계속 분비되면 신체의 말단인 손가락과 발가락, 턱뼈 등이 커지는 말단비대증이 생긴다. 이를 막으려면 수술적 치료를 해야 한다. 그런데 수술로 종양이 생긴 뇌하수체 부위를 없애면 성장호르몬은 물론 뇌하수체에서 분비되는 다른 여러 가지 호르몬도 생산되지 않는다. 그러므로 수술 뒤에 몸이 필요로 하는 호르몬을 외부에서 주입해 몸이 정상적인 기능을 할 수 있도록 해야 한다.

키가 줄어들기도 할까?

나이가 들어 중년이 지나면 키가 줄어든다. 왜 그럴까?

가장 큰 이유는 뼈와 뼈 사이에 있는 연골이 닳아 없어지기 때문이다. "신체 나이는 실제 나이보다 30세가 더 많다"라는 말은 대개 무게를 지탱하는 일을 오래 해서 무릎 등의 연골이 닳은 것을 보고 하는 말이다. 두 번째는 척추가 작아져서다. 평소에 꾸준히 운동하지 않은 채 세월이 흐르면 척추가 틀어져 키가 작아지는 것이다. 이처럼 나이가 든 뒤에 작아지지 않아야 건강하다고 말할 수 있다.

나이와 상관없이 키가 줄어드는 데는 또 다른 이유도 있다. 바로 몸속 물 때문이다. 잠을 자고 일어나 보니 얼굴이 부은 것처럼 느껴지는 때가 있었는지 떠올려 보자. 이런 현상이 일어나는 것은 우리 몸속에 물이 존재하는 위치가 달라졌기 때문이다. 부은 지 두 시간쯤 지나도 정상으로 돌아오지 않는다면 병원에 가서 진찰을 받아야 한다.

사람의 몸은 약 2/3가 물로 되어 있다. 이렇게 많은 물이 있지만 실제로 만져 보면 물기가 잘 느껴지지 않는 것은 물이 세포 속에 들어서다. 얼굴이 붓는 것은 얼굴에 있는 세포 안에 물이 많아져서 얼굴이 커 보이는 것이다.

물론 세포 밖에도 물이 존재하는데, 대표적인 것이 피와 소변이다. 이외에도 음식물이 소화될 때 입에서 항문까지 소화계통을 지나가려면 물이 포함되어야 한다. 이처럼 세포 바깥에 있는 인체 안의 공간에 물이 존재하기도 한다.

키와 관련 있는 것은 바로 소변이다. 일시적으로 우리 몸에서 소변을 많이 나오게 하는 약을 이뇨제라 하는데, 당장 화장실에 가고 싶지 않은 사람이 이뇨제를 많이 사용하면 소변 배출양이 갑자기 늘어난다. 이러면 세포 안팎을 가리지 않고 수분이 갑자기 빠져나가 버린다. 세포 밖의 수분은 키에 별 영향을 주지 않지만 세포 안의 수분은 영향을 미친다. 머리부터 발끝까지 키를 잴 때 공헌을 해야 할 세포가 작아져 키를 작게 만들 수도 있다. 물론 물을 마시면 곧장 회복이 되기는 하지만.

튼살은 예방도 치료도
어려워

✖

피부와 튼살

튼살은 피부가 갑자기 성장하면서 늘어날 때 콜라겐이
이루고 있던 결합이 일부 파괴되면서 생긴다. 성장과
임신을 비롯해 몸무게가 아주 빨리 늘어날 때 피부가
갑자기 자라나면서 튼살이 생길 수 있다.
청소년에게는 허벅지와 샅굴부위, 복부 어깨와 팔
등에 튼살이 잘 생긴다. 의학적인 처치가 필요한 것은
아니지만 겉으로 드러난 부위에 튼살이 생기면 보기에
좋지 않으니까 깔끔하게 하고 싶은 생각이 들 것이다.
그러나 안타깝게도 튼살에 완벽한 치료법은 없다.
왜 튼살은 없애지 못할까?

몸무게는 빠져도 튼살은 그대로

튼살은 피부를 잡아당기는 힘이 커지면서 피부에 손상이 생긴 것이다. 피부는 바깥쪽에 위치한 표피와 안쪽에 위치한 진피로 구분하는데, 손상이 생긴 피부는 표피가 쪼그라지고 진피에는 콜라겐 섬유가 가늘어지면서 피부가 평행하게 재배열된다. 튼살이 생기기 시작할 때는 피부에 자줏빛을 띠는 선 모양으로 나타난다.

> 콜라겐(교원질): 몸의 여러 조직, 기관을 연결하는 기능을 하는 결합조직. 혈관과 뼈, 이, 근육 등에 가장 많으며 포유동물은 몸을 구성하는 전체 단백질의 1/3이 콜라겐이다.

자신의 몸에서 튼살을 찾아 살펴보자. 정상 피부의 표면보다 약간 내려간 모양일 것이다. 피부를 만져 보면 튼살과 그 옆의 피부가 울퉁불퉁하게 느껴진다. 피부색도 관찰해 보자. 처음에는 자주색이다가 시간이 지나면 흰빛을 띤 옅은 색으로 변하면서 주름이 지는 모양으로 바뀌기도 한다. 왜 튼살은 사라지지 않고 이렇게 남을까? 이를 이해하려면 진피와 표피를 좀 더 알아야 한다.

피부의 바깥쪽에 위치한 표피는 계속해서 자라난다. 그래서 아무리 깔끔하게 청소해도 피부에서 떨어져 나간 세포 때문에 방은 곧 더러워질 수밖에 없다. 물론 오랫동안 청소를 하지 않으면 잿빛 솜처럼 생긴 먼지 덩어리가 생겨나는 것과 달리, 아주 깔끔하게 사용한 방에는 약간 딱딱한 먼지사실은 쓰레기가 쌓인다. 이는 피부에서 떨어져 나간 세포가 말라서 쌓인 것이다. 이처럼 표피는 계속해서 자라고, 밖으로 떨어져 나간다. 표피에 딱지가 생기더라도 시간이 지나면 딱지가 표피의 세포와 함께 떨어지면서 피부는 깔끔해진다.

틈살은 표피가 아닌 진피가 갈라지는 현상이라 한번 생겨나면 사라지지 않는다. 피부에 딱지가 생겨서 약간의 흉터가 남는 경우에도 색이 실제 피부와 비슷한 것과 비교하면 틈살의 색은 꽤 달라 보인다. 그러니 미용상 관심이 커질 수밖에.

틈살을 치료하는 방법은 여러 가지가 있다. 오해하지 말자. 치료 법이 여럿이라는 것은 치료가 잘되지 않는다는 뜻이다. 즉 비용과 시간을 들이더라도 피부를 원래대로 깔끔하게 되돌리기 어렵다. 살이 찌면서 피부에 틈살이 생긴 경우도 마찬가지다. 운동과 식단 관리로 몸무게를 줄여도 틈살이 사라지지 않는다. 요즘은 레이저 치료를 비롯해 새로운 치료법을 시도하고 있으나 피부를 완전히 되돌려 놓기란 여전히 어렵다.

상처나 화상으로 파괴된 피부의 재생

피부는 사람의 몸에서 가장 바깥쪽에 있다. 즉 외부 환경에 가장 먼저 마주치므로 외상을 입을 가능성이 아주 크다. 특히 쓸모가 많은 손이 일을 많이 하면 할수록 손바닥 피부에는 굳은살이 생겨난다. 손바닥 피부에 가해지는 기계적인 힘의 자극을 받아 피부세포를 만드는 줄기세포가 피부세포를 많이 만들어 내기 때문이다.

여기서 줄기세포란 여러 종류의 세포로 분화할 수 있는 능력을 가진 세포를 가리킨다. 예를 들어 골수의 줄기세포는 핏속의 적혈구와 백혈구, 혈소판을 모두 만들 수 있으며, 이 과정을 분화라 한다. 분화가 되지 않은 미분화 상태에서 적절한 조건을 갖추면 여러 종류의 세포로 분화할 수 있으므로 손상된 세포를 대체해 재생시킬 수 있다.

배아줄기세포는 분화 능력은 가졌지만 다양한 세포로 분화할 수 있도록 조건을 갖추기가 어렵고, 그냥 두면 생명체로 성장할 수 있어 윤리적인 문제가 따른다. 성체줄기세포는 정해진 세포로만 분화할 수 있어서 분화 능력은 떨어지지만 윤리적으로 아무 문제가 없다. 백혈병 환자에게 골수이식을 해서 정상적인 기능을 하는 백혈구를 만들어 내게 하는 것은, 골수의 줄기세포가 백혈구로 자라난다는 점에서 줄기세포 치료라 할 수 있다.

다시 피부로 돌아와 보자. 피부에 작은 상처가 생기면 딱지가 생겼다가 떨어져 나가면서 피부는 원래대로 돌아간다. 이처럼 피부가 쉽게 재생되는 것은 피부를 구성하는 상피와 결합조직 성분에 줄기세포가 들어 있기 때문이다. 피부에 손상이 생기면 표피의 맨 아래층에 있는 줄기세포가 분화하면서 상피세포로 자라나고, 결합조직의 줄기세포는 진피에서 손상을 입은 세포를 채워 간다. 하지만 손상된 범위가 넓으면 피부에 존재하는 혈관이 함께 손상을 입을 가능성이 크다. 따라서 감염이나 체액사람이나 동물의 몸에 들어 있는 액체 손실과 같은 이차적인 문제가 생길 수 있다.

손상된 피부가 재생되는 과정은 염증 반응이 일어나는 것으로 시작된다. 그 뒤 시간이 지나면 딱지가 생기고 바닥층에서 상처의 가장자리 부위로 세포가 이동하면서 손상 때문에 생긴 세포의 부스러기를 없앤다. 피는 상처가 난 부위에 응고액체가 엉겨서 뭉쳐 굳어짐가 일어나 주위 조직과 상처 부위가 분리되게 한다. 일주일쯤 지나면 섬유모세포가 콜라겐을 형성하고, 그 위로 표피세포가 이동해 딱지 아래로 파고들면서 딱지는 서서히 피부 밖으로 밀려 나온다. 이때쯤 혈액응고를 위해 생겨난 피떡은 몸 안으로 흡수된다. 더 시간이 지나면 딱지는 떨어지고 표피가 완성된다. 진피에 있는 섬유모세포는 계속해서 세포를 만들면서 표피를 점점 위로 밀어 올리고, 표피는 계속 자라 외부에 노출된 세포는 밖으로 떨어져 나간다. 그러므로 표피에 상처가 생겨도 시간이 지나면 아주 깔끔하게 원래대로 돌아갈 수 있다. 그러나 피부가 깊이 파여 진피에 상처가 생기면 위 과정이 완벽하게 일어나지 못해 흉터가 남을 수 있다.

피부에 광범위한 손상을 입는 대표적인 경우는 화상이다. 화상은 열 외에 방사선, 전기 충격, 화학약품 때문에도 생긴다. 또한 얼마나 깊이, 얼마나 넓은 면적에 화상을 입었느냐에 따라 치료 결과가 다르다. 표피만 화상을 입으면 완전히 회복되지만 화상이 깊을

염증: 몸에 해가 되는 물질이나 미생물이 침입하면 백혈구 등 방어를 담당하는 세포가 모여들어 이와 싸우기 시작한다. 그러면 열이 나고, 색이 빨갛게 변하고, 부풀면서 통증이 생기고, 때에 따라서는 그 부위가 기능을 못 하게 된다. 이와 같은 반응을 염증이라 한다.

수록 흉터는 더 크게 남는다. 화상 흉터를 없애기 위해 자신의 피부를 떼어 이식하기도 하는데, 손상을 입은 부위와 가장 색이 비슷한 피부를 선택해 이식하는 것이 중요하다.

화상을 입은 피부는 땀을 증발시키고 외부로부터 몸을 보호하는 기능을 제대로 감당하기 어렵다. 따라서 심한 운동을 하면 땀을 내보낼 수 없어 체온조절을 잘 해내지 못한다. 또 화상 때문에 결합조직이 파괴되면 피부의 신축성이 떨어져 움직이기도 어렵고, 그러다 보니 미세한 표정 반응과 표현이 힘들어진다.

한편 뜨거운 햇볕에 오랜 시간 피부가 노출되어도 화상을 입을 수 있다. 또한 햇빛의 자외선을 너무 많이 쬐면 피부세포의 DNA가 변형되어 암세포가 생길 수 있다. 이처럼 위험한 자외선을 막기 위해 자외선 차단제를 바르는 것은 필요하지만, 너무 많이 바르면 몸에 꼭 필요한 영양소인 비타민 D를 합성할 수 없으므로 적당히 사용해야 한다.

✖
수줍은
실험

팔에 유성 사인펜으로 줄을 하나 그어 보자. 그리고 씻지 않고 며칠 지난 뒤 다시 보자. 줄이 거의 사라지고 없을 것이다. 피부 표면의 세포가 떨어져 나가서 그런 것이다. 문신이 지워지지 않는 것은 표피보다 더 안쪽까지 색이 스며들었기 때문이다.

여드름이
청소년의 상징이라고?

✖

기름샘과 여드름

쉬는 시간에 짝이 말을 건다.

"너, 세수 제대로 했어? 얼굴에 기름기가 좔좔 흘러.
기름기 많으면 여드름 생긴댔어!"

세 시간 전에 집에서 깔끔하게 세수하고 나왔는데!
무려 여드름 피부용 세안비누까지 써서 기름기를 쫙
빼고 왔건만. 세상 억울하지만 기름기부터 확인해 봐야
한다. 얼굴을 손거울에 비춰 보니 이마에 있는 기름기가
빛을 반사해 반짝거린다.

할 수 없지. 비장의 기름종이를 두 장 꺼낸다. 언제
봤는지 뒷자리 친구가 자기도 한 장만 달라며 손을
내민다. 기름부자들끼리 돕고 살아야지 어쩌겠나.

여드름은 기름샘에서 일어나는 분비 과정의 이상으로 생긴다

피부에는 기름샘이라는 외분비샘이 있다. 주로 털을 만드는 모낭에 붙어 있으며 기름샘을 이루는 세포는 분화하면서 지질을 만든다. 피부에 털이 서 있게 하는 근육이 수축하면 기름샘을 쥐어짜게 되고, 모공털구멍을 통해 기름기가 많은 분비물을 피부 밖으로 내보낸다. 이를 피부기름피지이라 하고, 기름샘은 피지샘이라고도 부른다.

기름샘은 손바닥과 발바닥 외에 몸 전체에 존재하지만 얼굴과 머리 표면에 가장 많으므로 얼굴에 빛이 비치면 기름기가 보이기도 한다. 기름샘에서 분비된 피부기름은 털을 매끄럽게 하고 세균의 번식을 막는다. 또 피부가 건조해지는 것을 방지하고, 윤활 작용에 관여한다.

기름샘은 성호르몬생식기에서 분비되는 호르몬 전체의 농도에 민감하게 반응하기 때문에 사춘기에 성호르몬 분비가 왕성해지면 분비물을 많이 내보낸다. 그런데 기름샘의 배출 통로가 막히면 빠져나가지 못한 분비물이 쌓인다. 피부는 비정상적으로 쌓인 분비물을 없애려고 하지만 통로가 막혀서 없애지 못하므로 이에 반응해 염증이 일어난다. 그 결과가 바로 여드름이다.

그런데 기름샘의 분비 통로는 왜 막히는 것일까?

모낭 속에는 여러 가지 세균이 살고 있다. 특히 프로피오니박테리움 아크네스Propionibacterium acnes는 지방을 분해하는 효소를 분비해 기름샘에서 분비되는 기름에 포함된 중성지방을 분해한다. 그러면 유리지방산지방을 가수분해하면 지방산과 글리세롤이 된다. 지방으로부터 떨어져 나왔다고 하여 유리 지방산이라 한다.이 형성되어 모낭을 자극해 모낭 벽에 손상을 일으킨다.

결과적으로 피부기름, 세균, 탈락한 세포 등이 종합적으로 피부에 이상 반응을 일으키는 것이 여드름을 형성하는 과정이다. 또 이와 같은 현상에 대한 인체의 면역학적 반응도 여드름 형성에 기여하고, 유전적인 성향에 따라 여드름이 잘 생기기도 한다. 알코올류와 지방류와 같이 여드름 발생을 자극하는 화학물질을 포함하는 화장품을 사용하거나 비누를 너무 많이 써도 여드름에 나쁜 영향을 준다.

여드름 완전 정복

여드름은 주로 사춘기에 생기며, 통계적으로 사춘기 청소년의 약 85퍼센트에서 관찰된다. 사춘기의 통과의례처럼 여겨지는 여드름은 시간이 지나면 나아질까? 아니면 꼭 치료해야 할까?

모낭 속에서 기름이 빠져나가지 못하고 고이면 주위에 염증이 생긴다. 일반적인 염증보다 더 심하면 세균이 자라나 곪을 수도 있고, 물이 차거나 딱딱해질 수도 있다. 여드름은 하나만 나는 것이 아니라 한꺼번에 아주 많이 나기 때문에 여러 형태가 얼굴에 동시에 나타나는 경우가 많다.

여드름은 보통 피부색보다 살짝 더 붉지만 시간이 지나면 조금 더 진한 갈색으로 바뀌기도 한다. 심하지 않은 여드름은 그냥 둬도 세월이 지나서 자연스럽게 호르몬 분비가 달라지고, 기름 배출이 잘되면 사라질 수도 있다.

그러나 염증 때문에 발생한 여드름은 다르다. 피부가 정상과 다른 느낌이 들게 되어서 자꾸만 손이 갈 수 있다. 염증의 정도에 따라 손이 닿았을 때 통증을 느낄 수도 있기에 치료가 필요하다. 세균 감염과 같이 정상을 뛰어넘는 수준으로 피부에 해를 끼칠 경우, 사람이 가진 면역 기능에 따라 자연적으로 치료된다 하더라도 일반적인 경우보다 훨씬 긴 시간이 걸릴 수 있다. 또 합병증이 생겨서 치료가 점점 더 어려워질 수도 있으므로 적극적으로 치료해 예상치 못한 피해를 예방해야 한다.

가장 흔히 시도하는 치료법은 집에서 거울을 보며 직접 짜는 것이다. 그러나 여드름을 직접 짜라고 이야기하는 피부과 의사는 한 명도 본 적이 없을 것이다. 가장 간단하지만 때로는 심각한 부작용이 생기기 때문이다. 여드름을 무리하게 짜면 흉터가 남는 경우가 많다. 염증 때문에 이미 정상적인 기능을 못하고 있는 기름샘이 파괴되면 염증 반응을 또 자극해 염증이 더 커지기 때문이다. 또한 손으로 짜면 손에 있는 세균이 여드름 부위를 감염시킬 가능성도 높다.

피부과에 가도 여드름을 짜주는데 뭐가 다르냐고? 분명 차이가 있다. 일단 피부과에서는 손으로 여드름을 짜지 않는다. 여드름이 생긴 모공 입구를 깨끗이 씻은 뒤 뜨거운 수증기로 모공을 넓히고 소독한 기구로 여드름을 짠다. 그래서 부작용이 거의 없다.

짜내는 것은 감염 위험성이 있으니 약을 사용하면 편리하겠다는 생각도 가질 수 있다. 바르는 연고는 여드름을 일으키는 세균을 죽이고, 유리지방산이 생기는 것을 막는다. 또 피부 표면에 위치한 각질을 없애 기름이 나갈 수 있도록 한다. 먹는 약도 여드름을 일으키는 균을 죽이고 염증을 줄인다.

여드름이 심각한 형태로 진행되면 흉터가 남거나 피부가 딱딱해진다. 이때는 여드름을 짜내는 압출 치료뿐 아니라 주사 치료, 박피술 등으로 치료할 수 있다. 박피술은 화학 약품이나 레이저를 이용해 피부의 일부를 벗겨 내서 새 피부가 만들어지도록 유도하는 시술인데, 여드름이 넓게 퍼져 있는 경우에 박피술을 하면 각질이 벗겨지면서 막힌 모공이 열린다. 그러면 염증이 가라앉으면서 바르는 약이 피부로 잘 흡수되어 치료 효과가 높아진다. 그 밖에 광선 치료법 또는 레이저 치료법이라 하여 빛을 이용해 여드름을 일으킨 세균과 각질층을 파괴하는 방법도 있다.

여러 치료법을 소개했지만, 여드름을 확실히 예방할 수 있는 방법은 없다. 얼굴은 지나치지 않은 수준에서 깨끗이 씻는 것이 좋고, 마찰을 주는 것은 좋지 않다.

특히 여드름을 손으로 잘못 짜면 혈관이 손상되어 병균이 이 혈관을 통해 뇌로 갈 수 있다. 집에서 짜거나 여드름이 터진 상황이라면 미생물 감염으로부터 피부를 보호하는 연고를 발라야 한다. 되도록 여드름은 직접 짜지 말고, 정말 꼭 짜고 싶다면 피부과를 방문해 치료받자.

비타민 연구의
선구자

역사적 기록을 살펴보면 각기병 환자는 고대 이집트에서도 발생했고, 괴혈병은 기원전 약 5세기에 그리스의 히포크라테스도 알았다. 하지만 각기병은 비타민 B1 결핍 때문에 일어나고, 괴혈병은 비타민 C 결핍으로 생긴다는 사실은 오랫동안 알려지지 않았다. 특정 물질을 먹지 않으면 생사를 오갈 만큼 큰 문제가 될 수 있음을 알게 된 것은 18세기부터다.

18세기에는 대항해시대를 지나 제국주의시대로 접어들면서 상업적 이익을 좇아 장거리 배 여행을 떠나는 사람이 많아졌다. 그런데 유럽에서 배를 타고 아시아나 태평양까지 가는 여러 달 동안 배에 실은 음식에 비타민 C가 부족해서 괴혈병 환자가 계속 발생했다. 하지만 아무도 이유를 몰랐다.

이때 영국 해군에서 군의관으로 일하고 있던 제임스 린드가 병사의 영양식에 관심을 가지기 시작했다. 1739년부터 영국 함대에서 근무한 린드는, 함대에 오르면 몇 달간 함대 안에서만 생활해야 하기 때문에 식재료가 제한적일 수밖에 없는 사정이 괴혈병과 상관있을 거라고 생각했다. 린드는 세심한 관찰 끝에 레몬즙을 마시면 괴혈병을 막을 수 있다고 보고, 해군에게 레몬즙을 이용한 식이요법이 필요하다고 주장했다.

린드가 처음 레몬즙을 마셔야 한다고 주장한 것은 1747년의 일이었다. 그 뒤로도 린드는 해군 군의관으로 근무하면서 관찰과 연구를 계속해 녹색식물, 양파, 와인 등이 괴혈병 예방에 유용하다는 사실을 깨달았다. 그리하여 1753년에 〈괴혈병에 대한 논문A Treatise of the Scurvy〉을 발표했다. 그러나 그의 주장은 경험과 관찰에 따른 것이었고, 당시의 형편으로는 실험으로 확인할 수 없었으므로 아무도 그의 주장을 주의 깊게 살피지 않았다. 그래서 린드는 세상을 떠나는 날까지 자신의 훌륭한 업적을 인정받지 못했다.

그러나 스코틀랜드 출신의 해군 군의관 길버트 블레인이 린드의 연구에 관심을 가졌다. 그는 자신이 담당하던 해군 병사에게 라임주스를 마시게 했고, 지시를 따른 해군이 괴혈병에 걸리지 않는 것을 보고 자신감을 얻었다. 그가 첫 논문인 〈선원에게서 발생하는 질병의 관찰Observations on the Diseases of Seaman〉을 발표한 때는 린드가 세상을 떠난 이듬해인 1795년이다. 블레인의 연구 결과가 널리 알려지자 영국 군인은 괴혈병에서 해방되었고, 영국을 넘어 다른 나라에도 이 사실이 알려졌을 뿐 아니라 린드의 연구도 새롭게 평가받게 되었다.

20세기가 되자 괴혈병이 그때까지 알려지지 않은 새로운 영양소 때문에 발생한다는 사실이 알려졌다. 1906년 영국의 영양학자 프레더릭 홉킨스는 동물이 정상적으로 성장하기 위해 새로운 영양소가 필요하다는 사실을 밝힘으로써 "성장을 촉진하는 비타민을 발견"한 공로를 인정받아 1929년 노벨 생리의학상을 수상했다. 한때 그의 연구실에서 일했던 얼베르트 폰 센트죄르지는 1932년에 홉킨스가 발견한 영양소를 비타민 C로 이름 붙였다. 더불어 비타민 C를 합성할 수 있게 함으로써 오늘날 우리가 손쉽게 비타민 C를 섭취하게 해주었다.

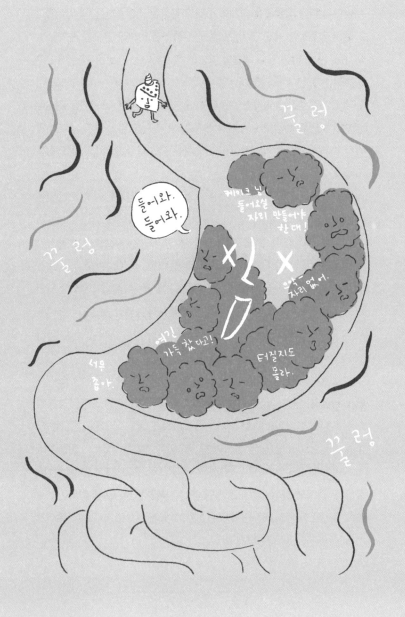

3. 배고픈 점심

잘 먹고 잘 내보내자

뷔페 습격! 여러 음식을 번갈아 가며 먹으니
어쩐지 더 잘 들어가는 느낌이다. 배가 불러
더 이상 못 먹겠다고 생각한 그 순간. 후식 코너에
있는 딸기 케이크가 눈에 들어왔다. 어라?
어쩐지 더 먹을 수 있을 것 같다.

생각만 해도
침이 고인다

✖

침과 조건반사

인도네시아 코모도섬에 사는 코모도왕도마뱀은
먹잇감을 발견하면 침을 흘리며 노려보다가 기회가
닥칠 때 먹잇감을 물어 버린다. 특이하게도 아주 심하게
물지는 않아서 먹잇감이 갑자기 죽는 일은 드물다.
코모도왕도마뱀에게 물린 동물은 도마뱀의 꼬리가
주는 기계적인 충격이나 출혈로 죽기도 하지만
이보다는 도마뱀의 침 속에 있는 세균에 더 큰
영향을 받는다. 코모도왕도마뱀은 먹이를 물면
이 동물이 쓰러질 때까지 끈기 있게 기다리는데, 이때
코모도왕도마뱀으로부터 전해진 세균이 증식하면서
물린 동물은 서서히 쇠약해지다가 마침내 세균
감염으로 쓰러진다. 그때서야 코모도왕도마뱀은
먹잇감을 처리한다.

침에 대한 과학적 사실

구강에서 침을 분비하는 침샘은 세 종류가 있다. 귀밑샘이하선, 턱밑샘악하선, 혀밑샘설하선이다. 귀밑샘은 가장 크고 찾기 쉽다. 한번 직접 찾아보자. 군침이 도는 치킨이나 떡볶이를 앞에 놓고 혀로 뺨 안쪽을 더듬어 보면 침이 분비되어 나오는 구멍을 쉽게 찾을 수 있다.

침샘에서 분비되는 침은 하루에 약 1리터이며 물이 약 99.4퍼센트다. 그 외에 점액소뮤신와 전해질, 노폐물, 완충제, 대사산물, 효소 등이 약간 들어 있다. 이 중에서 소화에 가장 중요한 기능을 하는 것은 점액소와 효소다. 점액소는 소량의 탄수화물당이 단백질에 결합된 당단백질로 이뤄져 있고 물과 섞이면 점액을 만든다. 점액은 음식물을 감싸 침이 윤활작용을 하게 해주며, 구강에 노출된 점막을 보호한다.

침은 음식물에 포함된 화학물질을 녹여서 혀 위에 돌출되어 있는 맛봉오리를 자극하고, 음식물을 점액으로 뒤덮어 삼키기 쉽게 만든다. 또한 면역글로불린 A와 라이소자임이 들어 있어서 세균의 침입을 막는다. 그러므로 방사선 치료 때문에 침샘이 파괴되거나 스트레스가 심해 침 분비가 줄면 구강에 세균이 증식해 각종 질병이 일어날 수 있다.

면역글로불린 A: 면역을 담당하는 단백질을 면역글로불린이라 한다. 몸에 침입한 미생물이나 세균에 대항해 싸우는 항체는 모두 면역을 담당하는 면역글로불린에 속한다. 면역글로불린에는 다섯 가지 종류가 있는데, 피부에서 흘러나가는 액체나 입과 같이 몸에 있는 구멍으로 미생물이 침입하는 경우에는 면역글로불린 A가 가장 중요한 기능을 한다.

각 침샘에서 분비하는 침의 성분은 약간씩 다르다. 귀밑샘에서 분비되는 효소인 아밀라아제는 탄수화물 성분인 녹말을 분해해 포도당, 젖당, 갈락토스 등을 형성한다. 그러나 음식물에 포함된 녹말 중 침으로 소화되는 양은 50퍼센트가 채 못 된다. 덜 분해된 녹말은 위를 거쳐 작은창자에 이르고, 췌장에서 분비된 아밀라아제 덕분에 완전히 분해된다. 그다음에 작은창자벽을 거쳐 몸속으로 흡수된다. 이렇듯 녹말 같은 탄수화물은 단당류가 길게 연결된 다당류라서 아밀라아제가 가수분해하면 하나하나의 단당류로 쪼개져 작은창자의 벽을 통해 쉽게 흡수된다. 이외에 턱밑샘과 혀밑샘에는 아밀라아제가 없지만 점액소를 분비해 소화를 돕는다. 음식을 먹으면 세 침샘에서 분비되는 침의 양은 모두 늘어나지만 특히 턱밑샘에서 분비되는 침의 양이 70퍼센트에 이를 만큼 많아진다.

침이 흘러나오는 것은 조건반사 때문

"개에게 끼니때마다 음식을 주기 전에 종소리를 울린다. 매번 이처럼 하면 개는 음식을 주지 않아도 종소리만 들리면 음식을 떠올리고 침을 흘린다."

의학 교과서보다 심리학 교과서에서 더 낯익은 이 내용은 조건반사를 설명하는 것으로, 러시아 생리학자인 이반 파블로프의 실험에 관한 것이다. 흔히 '파블로프' 하면 조건반사를 떠올리지만 그는 소화의 생리학적 기전을 발견해 1904년 노벨 생리의학상을 수상했으며, 따뜻한 인간미의 소유자이기도 했다.

러시아에서 목사의 아들로 태어난 파블로프는 몸이 약했지만 정의감이 강하고, 옳다고 생각되는 일은 끝까지 밀고 나가는 성격이었다. 의과대학을 졸업한 뒤 소화, 심장과 혈액, 신경 등에 관심을 가졌는데, 특히 소화액의 분비 기전과 이를 담당하는 신경계에 대한 연구를 진행해 1897년 《소화선의 작용The Work of the Digestive Glands》이라는 책을 발표했다.

음식을 먹으면 침이 분비되는 것은 소화에 도움이 되기 때문이다. 음식이 입안에 들어갔을 때 침이 미리 나와 있지 않으면 건조한 느낌이 들고 소화가 느려진다. 음식이 곧 입으로 들어오는 것을 알면 미리 침을 분비하면서 대비할 수가 있어서 소화의 시작이 더 쉽다. 이 현상이 당연하게 여겨질 수도 있다. 파블로프는 곧 음식이 나올 것이라는 기대만으로 '음식을 보지 않고도' 침이 나온다는 사실을 실험으로 밝혔다.

파블로프의 실험을 좀 더 자세히 살펴보자. 실험에서 종소리를 울리는 게 조건자극이며, 이 때문에 침 흘리게 되는 게 조건반사다. 음식을 주는 것은 무조건자극에 해당하며, 조건자극을 준 뒤 무조건자극을 주는 것을 강화強化라 한다. 파블로프는 조건자극으로 종소리를 울린 뒤에 무조건자극인 음식을 줘서 강화를 일으켰다. 이렇게 강화를 시키면 조건자극만 주더라도 반사 때문에 침을 흘리는 게 조건반사다. 그러나 조건자극을 준 뒤 무조건자극을 주지 않으면 조건반사는 차차 일어나지 않는다. 이를 강화에 대한 반대 개념으로 소거消去라 한다.

　다른 예를 들어 보자. 시험을 잘 봐서 칭찬과 격려를 받고 나니 다음에도 시험을 잘 쳐야겠다고 마음먹는 것이 강화고, 시험 이야기만 나오면 공부를 열심히 하는 것은 조건반사다. 그러나 좋은 성과를 거뒀는데도 전과 다르게 칭찬이 따라오지 않으면 소기가 일어난다. 더 이상 공부를 열심히 하지 않는 것은 조건반사가 상실되는 것이다. 조건반사는 한 번 익혔다고 쭉 이어지지 않으며 계속 자극이 있어야 유지된다. 이런 현상은 학습의 한 형태이며, 신경세포에서 반응이 조절되기 때문에 일어난다.

　조건반사와 반대로, 동물이 진화 과정에서 환경에 적응하면서 발전시킨 반사작용을 무조건반사라 한다. 조건반사는 20세기에 대뇌를 포함한 신경계통의 기능을 연구하는 데 표본이 되어 신경과학, 정신과학, 생리학 등의 발전에 크게 공헌했다.

　역사적으로 인류는 거의 항상 먹을거리가 부족했기에 언제든 음식이 눈앞에 보이면 얼른 먹어서 에너지원으로 가져야 했다. 그래서 소화에 선봉장인 침을 분비하는 것은 아주 중요한 생리현상이었고, 그것이 조건반사 형태로 나타날 수 있음을 발견한 것이 파블로프의 업적이다.

간식이 들어갈 자리는
따로 있다

✖

군것질과 칼로리

점심으로 밥 한 공기를 뚝딱 해치우고, 부른 배를
소화시킬 겸 거리를 걷는데 어쩐지 입맛을 더 다시게
된다. 거리 곳곳에 자리 잡은 카페와 푸드트럭에서
만들어 낸 온갖 맛있는 디저트가 유혹하기 때문이다.
휘핑크림과 초코 시럽이 잔뜩 올라간 아이스 민트 초코
쉐이크부터 영롱한 무지갯빛을 자랑하는 마카롱,
거기에 부드러운 트리플 치즈 케이크까지! 생긴 모양도
예쁜 데다 달콤한 냄새가 코를 자극하니 참기가 힘들다.
분명 조금 전에 배가 불러서 아무것도 더 못 먹겠다고
생각했는데, 왜 몸은 후식을 받아들일 준비를 하는
것일까?

간식 배는 건강을 해친다

"밥 배 따로, 간식 배 따로다"라는 말이 있다. 위 속에도 공간이 있다는 걸 가정하면, 밥을 먹어 배가 차도 다른 음식이 들어갈 공간은 있다는 뜻이다. 뷔페에 가서 평소보다 훨씬 많이 먹어 본 사람은 쉽게 이해가 될 것이다.

이는 과학적으로 증명되었다. 음식을 잔뜩 먹어서 위가 가득 찬 상태에서 엑스선으로 영상을 찍어 본 것이다. 위에는 빈 공간이 보이지 않고, 그때까지 먹은 음식이 눈앞에 있어도 위는 열심히 꿈틀거리기만 할 뿐 별 변화가 없었다. 그런데 달콤한 케이크를 보니까 위가 꿈틀거리면서 빈 공간을 만들어 냈다!

음식은 생명체가 에너지를 만들기 위해 먹는 것이다. 그 음식을 소화시켜 분해함으로써 흡수가 가능할 만큼 작은 영양소를 만들고, 작은창자에서 이를 흡수해 몸에서 필요로 하는 곳에 저장해 뒀다가 필요할 때 꺼내 쓰는 것이다. 영양소가 너무 많이 흡수되면 다 쓸 수가 없으니 몸에 쌓이고, 이러다 보면 과체중을 거쳐 비만으로 간다. 바로 이 지점에서 군것질이 문제가 된다. 사람들이 흔히 즐기는 간식에는 에너지원이 되는 탄수화물과 지질이 풍부하기 때문이다.

달콤한 케이크에는 탄수화물이 많고, 부드러운 크림에는 지질이 많다. 현대인은 대개 에너지원이 넉넉해서 간식을 먹어 봐야 건강에는 도움이 되지 않고 그냥 기분만 좋아진다. 탄수화물과 지질보다는 단백질, 비타민, 무기염류를 섭취하는 것이 건강에 좋지만 이런 영양소가 든 육류, 콩, 두부, 견과류, 신선한 채소 등은 간식이나 후식으로 잘 이용되지 않는다. 간식으로 먹는 것 중에서 그나마 신선한 과일은 비타민과 무기염류가 상대적으로 많이 들어 있어서 단 케이크보다는 건강에 이롭다.

왜 군것질거리만 보면 입맛이 당겨서 신나게 먹고 다시 살을 빼기 위해 땀 흘려 운동해야 하는지. 뒤통수가 지끈거리는 상황이다.

배가 불러도 간식을 보면 식욕이 생기는 이유

에너지원으로 쓸 영양소를 넉넉히 쌓아 두고도 그다지 효용 가치가 없는 간식을 또 먹는 것은 사람 몸에 필요 없는 살을 선물한다. 즉 각종 질병의 원인이 되는 비만에 이르게 만든다.

예외가 없는 것은 아니지만, 대체로 보기 좋은 음식이 먹기도 쉽고 몸에도 좋다. 그런데 보기 좋은 간식은 왜 몸에 도움이 되지 않을까?

진화론에 따르면 지구가 생겨난 것은 약 46억 년 전, 단세포생물이 생겨난 것은 약 35억 년 전이다. 포유동물로부터 두 걸음으로 걷는 유인원이 출현한 것은 수백만 년 전이고, 현생인류가 태어난 것은 고작 수만 년 전이다. 1만 년 전 인류가 농사를 지으면서 한군데 머물기 시작한 뒤에도 먹을거리가 부족한 상태는 계속되었다. 20세기 중반 이후에야 인류는 음식이 충분한 생활을 할 수 있게 되었다.

잘 먹고 잘 내보내자

그럼에도, 지금도 배고픔에 시달리는 사람들이 있다.

역사적인 배경이 이렇다 보니 현생인류가 탄생하고 수십 년 전까지 인류는 음식으로 얻은 영양소를 잘 저장할 수 있도록 몸을 환경에 적응시켰다. 특히 탄수화물을 주로 섭취하더라도 그중 일부는 몸속에서 지질로 바꿔 저장하는 능력을 발전시켰다. 탄수화물과 단백질은 1그램이 대사되면 열량을 약 4킬로칼로리 생산할 수 있지만 지질은 같은 양으로 9킬로칼로리를 생산할 수 있어서다. 다시 말해 사람이 에너지를 필요로 할 때 탄수화물이나 단백질보다는 지질을 저장하고 있는 편이 유리한 것이다. 이게 바로 비만한 사람의 몸에 지질이 많은 이유다.

체지방이 많다는 것은 에너지원으로 저장한 지질이 많다는 뜻이며, 몸무게를 줄이려면 탄수화물로 저장하고 있는 사람들보다 더 많은 운동을 해야 함을 의미한다. 이처럼 한 번 몸에 저장된 영양소는 운동으로 쓰기 어렵고, 식이요법 없이 운동만으로 몸무게 줄이기는 실패할 확률이 높다.

사정이 이런데 간식을 보면 위가 스스로 운동을 해 공간을 만들어 내는 것은 몸이 현시대의 상황에 적응을 덜했기 때문이다. 오늘날 음식은 대체로 넉넉해졌고 사람이 힘들게 하던 일은 기계가 대신하는 경우가 많아졌으며, 걷는 대신 자동차를 타면서 에너지 소모도 줄었다. 에너지는 덜 쓰고 음식이 풍부해졌으면 사람의 몸도 그에 맞춰 적응해야 할 텐데 아직 진화가 덜된(?) 상태다 보니 과거의 환경에 맞춰져 있는 몸이 군것질거리만 보면 '빨리 섭취해서 영양소를 저장해 두라'고 명령을 내리고 있는 것과 마찬가지다. 어쨌든 건강을 위한 답은 정해져 있다. 먹고 운동을 할지, 먹지 말고 참을지는 각자가 결정해야 할 몫이다.

✖
수줍은
실험

후식으로 맛있게 먹었던 조각 케이크를 골라 한 판을 통째로 먹어보면 어떨까? 처음에는 기분 좋게 먹겠지만 얼마 못 가 더 먹고 싶지 않다고 생각하게 될 것이다. 이때 케이크 대신 다른 음식을 먹으면 후식으로 케이크를 먹을 때처럼 잘 들어갈 수 있다. 사람의 위는 영양소를 골고루 먹게끔 되어 있어 음식 종류가 바뀌면 이를 받아들일 공간을 만들기 때문이다.

잘 먹고 잘 내보내자

이토록 소중한
치아

✖

이와 양치

내과대학과 외과대학은 없는데 왜 치과대학은 따로
있을까? 아마도 이가 중요하니까 그럴 것이다. 이는 매일
신경 써서 관리해야 하는데, 특히 양치를 꼼꼼히 해야
한다. 하루 세 번 식사를 하는 사람의 이에는 언제든지
세균이 먹고 자랄 재료가 넉넉한 셈이니까 말이다.
양치를 소홀히 했다가 치과 의사를 만나게 되는 일을
반갑게 여길 사람은 아무도 없을 것이다. 다만 너무
귀찮은 게 문제다. 누가 대신 해주면 안 되나?
화장실 들어갈 때랑 나올 때 마음이 다르다던데,
밥 먹으러 급식실로 뛰어 갈 때랑 밥 다 먹고 양치하러
갈 때도 마음이 정말 다르다.

활짝 웃었을 때 치아가 나란하고 하얗게 빛나면 처음 보는 사람에게 좋은 인상을 심어 줄 수 있다. 뿐만 아니라 고기를 씹고 뜯고 맛보고 즐기는 첫 번째 조건도 튼튼한 이다. 이가 어떤 기관인지 자세히 알아보자.

이는 겉으로 보이는 부분과 잇몸에 박혀 있는 부분으로 나눌 수 있다. 겉으로 보이는 부분을 치아머리, 잇몸에 박힌 부분을 치아뿌리라 하며, 그 경계 부위를 치아목이라 한다. 치아머리는 사람의 몸에서 가장 단단한 조직인 사기질로 덮여 있다. 사기질의 주성분은 인산칼슘이며, 이 부분이 약해지면 치아가 부서지기 쉽다. 따라서 아동기에 칼슘과 인산염을 충분히 먹으면 치아 건강에 도움이 된다.

치아에서 가장 많은 부분을 차지하는 것은 상아질이다. 상아질은 뼈와 강도가 비슷하지만 세포가 들어 있지 않다는 점이 뼈와 다르다. 상아질 안쪽, 즉 치아 중간의 치아속질공간에는 치아뿌리관을 거쳐 치아로 들어온 혈관과 신경이 분포해 있다. 이가 심하게 상해서 치아속질공간이 외부로 노출되면 피가 나거나 아주 기분 나쁜 통증을 느낄 수 있다.

잇몸에 박힌 치아뿌리는 치아주위조직 덕분에 뼈에 고정되어 있고, 치아뿌리의 상아질은 표면이 시멘트질로 덮여 있다. 시멘트질은 상아질을 보호하고 치아주위조직의 부착 기능을 돕는다. 시멘트질의 구조는 뼈와 비슷하지만 뼈보다 연한 편이고, 손상되면 원래대

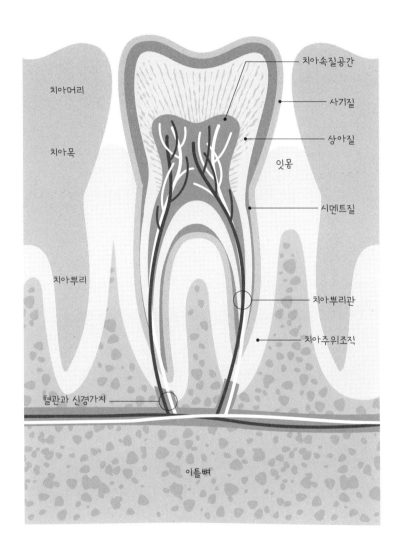

치아머리

치아목

치아뿌리

혈관과 신경가지

치아속질공간

사기질

상아질

잇몸

시멘트질

치아뿌리관

치아주위조직

이틀뼈

치아의 구조

로 돌아오지 않는 특징이 있다.

사람은 보통 몇 개의 이를 가지고 있을까? 일단 아기 때 아래 중앙에 2개가 난 것을 시작으로 상하좌우에 모두 5개씩 20개의 이를 가진다. 이를 젖니라 한다. 젖니는 유치원을 다닐 무렵 빠지고 새로운 이가 나기 시작한다. 새로 나는 이를 간니라 하며, 젖니는 초등학교 고학년이 될 때쯤 모두 빠진다. 간혹 간니마저 모두 빠져 버린 노인에게서 새로운 이가 났다는 이야기가 들리는 경우가 있다. 이는 로또 1등 당첨보다 드문 일이다. 간니는 더 이상 새로 나지 않으므로 관리를 잘해야 한다.

위아래와 좌우의 이는 모양이 아주 닮았다. 성인의 이는 대개 앞 중앙에서 안쪽으로 앞니 2개, 송곳니 1개, 작은어금니 2개, 큰어금니 2~3개가 자리 잡고 있다. 여기에 4를 곱해 보자. 즉 정상적인 성인의 이는 28~32개다.

큰어금니 중 가장 안쪽에 위치한 이는 사랑을 느끼는 청소년 시기에 맨 마지막으로 나온다는 뜻에서 사랑니라는 별명을 갖고 있다. 사랑니가 나올 때는 아무 통증이 없는 경우도 있고, 너무 아파서 치과 의사의 도움을 받아 발치해야 하는 경우도 있다. 사랑니가 영영 나지 않을 수도 있는데, 이는 비정상이 아니다. 그래서 정상적인 성인의 이는 28~32개가 되는 것이다.

건강한 이를 유지하는 것은 오복의 하나

이가 아파 고생해 봤다면 건강한 이가 얼마나 소중한지 알 것이다. 원래 오복고대 중국에서 발행된 〈상서尙書〉에 나오는 '오래 살고, 부유하며, 편안하고, 훌륭한 덕을 닦고, 제 명에 죽는 것'을 가리킨다과 달리 건강한 이가 오복의 하나라는 말이 수백 년간 자연스럽게 받아들여진 것만 봐도 많은 사람이 이를 중요하게 여긴다는 것을 알 수 있다.

이는 우리 몸을 구성하는 한 가지 요소일 뿐이지만 현대에 들어 대학교에 의학이라는 학문과 별도로 치의학이라는 학문이 독립된 단과대학이 될 정도로 비중이 커졌다. 과목도 구강외과, 치주과, 보존과, 보철과, 교정과, 소아치과 등으로 갈라져 이에 생긴 문제를 어떻게 하면 가장 깔끔하게 치료할 수 있을 것인지를 계속 연구하는 중이다.

이를 건강하게 하려면 가장 중요한 것은 양치다. 그런데 이를 닦으면 진짜로 이가 건강해지는지 과학적 증거를 대라고 한다면? 대답하기 힘들다. '과학적'이라는 표현을 사용하려면 보편타당성을 지녀야 하는데 이를 닦은 집단과 그렇지 않은 집단 간에 모든 인자를 똑같이 해놓고 관찰 또는 실험하기가 어렵기 때문이다. 그러나 상식적으로 접근해 볼 수 있다. 잘 닦아야 이를 건강하게 유지할 수 있다는 것은, 목욕을 하지 않으면 피부병이 잘 생기는 것과 같은 원리로 설명할 수 있다. 또한 양치를 하지 않은 상태로 생활한다면 스스로도 상쾌하지 못할뿐더러 대인관계를 잘 맺기 어렵다. 사실 이를 안 닦고 버티는 게 더 힘들 수도 있다.

식사 뒤에 이 사이에 찌꺼기가 남아 있으면 입안에 존재하는 세균과 만나 부드러운 치태plaque를 형성한다. 치태는 비석회화성 세포침착물로, 치아 표면에 형성되는 막을 가리킨다. 치태는 치아우식증충치과 치주 질환을 일으키는 중요한 인자로 작용한다. 치태는 곧 치석으로 발전한다. 치석이 형성되는 기전은 아직 확실히 밝혀지지 않았으나 치석이 치과 질병의 원인인 것은 분명하다. 그러므로 양치는 물론이고, 치실이나 치간 칫솔로 이 사이에 낀 음식 찌꺼기를 깨끗이 없애서 세균이 먹지 못하게 해야 한다. 또 6개월마다 스케일링을 하는 것도 치과 질환을 막는 데 도움이 된다.

지금도 이미 이 때문에 힘든 사람도 많겠지만, 대개 나이가 들면 치과 질환으로 고생할 가능성이 더 커진다. 예상치 못한 치료비를 줄이기 위해서라도 치아 관리에 신경 쓰자.

화장실에서 보내는 시간이
너무 아까워

✖

배변과 변비

쉬는 시간은 딱 10분. 10분 안에 승부를 봐야 한다!
휴지를 넉넉히 챙기고, 쉬는 시간을 알리는 종이
울리자마자 잽싸게 화장실로 달려간다. 비장한 마음으로
숨을 참고 아랫배에 집중적으로 힘을 준다. 그런데
9분이 지나도록 아무리 힘을 줘도 방귀만 민망하게
뿡뿡 나오고 대변이 빠져나가지 않는다.
하, 정말 괴로운 노릇이다. 시원하게 내보내지도 못하고,
쉬는 시간에 쉬지도 못하고. 시간이 너무 아깝다.
그러고 보니 요새 고기를 주로 먹고 채소나 과일은
잘 먹지 않았다. 그래서 변비가 생겼나….
누가 배 속 좀 청소해 줬으면 좋겠다.

대변을 잘 보는 것도 하나의 복이다!

앞서 소변에 대한 이야기를 하면서 언급했듯 배설은 몸에 생겨난 노폐물을 몸 밖으로 내보내는 과정이다. 소변으로 배설배뇨시키는 것은 비뇨계통이 담당하고, 대변으로 배설배변시키는 것은 소화계통이 담당한다.

배변은 어떤 과정을 거쳐 일어날까? 먼저 큰창자를 살펴보자. 큰창자는 작은창자로부터 넘어오는 소화된 음식물이 통과하는 순서대로 막창자, 잘록창자, 곧창자로 구분한다. 그리고 큰창자의 맨 끝에 붙어 있는 항문은 곧창자 다음에 위치해 있다가 대변을 내보낸다.

곧창자는 평소에는 비어 있지만 소화되는 음식물이 창자의 꿈

물	65~85퍼센트
단백질	이미 전부 소화되어서 거의 없음
지방	6퍼센트 미만, 그 이상이면 지방변
탄수화물	0.5퍼센트 이하
섬유질	5~7퍼센트, 섬유질 풍부한 음식 섭취 시 10~15퍼센트
염류	0.2~1.2퍼센트
점액소, 세균, 죽은 세포, 담즙 등	미량

대변의 구성 성분

틀운동으로 잘록창자를 통과하면 곧 차오른다. 잘록창자에 들어오는 내용물은 하루에 약 1,500밀리리터지만 수분을 흡수하므로 대변으로 나가는 양은 200밀리리터가량이다. 대변에는 약 75퍼센트의 물과 5퍼센트의 세균, 그 외에 소화되지 않은 물질과 창자의 점막에서 떨어져 나온 상피세포 등이 들어 있다.

배변 욕구가 일어나는 이유는 하루에 여러 차례 일어나는 집단운동 때문이다. 위와 샘창자가 팽창하는 자극 때문에 생기는 집단운동은 창자벽의 신경얼기로 신호를 전달해 대변을 곧창자로 내려보낸다.

> **샘창자(십이지장)**: 작은창자를 위에서 가까운 순서대로 샘창자, 빈창자, 돌창자로 구분한다. 샘창자라는 이름은 분비하는 물질이 많다는 뜻에서 유래했다. 실제로 췌장에서 생산한 소화효소가 작은창자로 내려와서 위에서 소화되고 남은 물질의 소화를 담당하므로 가장 많은 소화가 일어나는 곳이 샘창자다.

곧창자로 밀려 내려온 내용물이 곧창자벽을 자극하면 더 앞에 위치한 잘록창자와 함께 꿈틀운동이 일어나 대변이 항문 쪽으로 내려가고, 곧창자는 더욱 팽창한다. 또 곧창자벽에 있는 신경세포가 흥분하면 집단운동에 해당하는 잘록창자의 꿈틀운동을 자극해 대변을 곧창자 쪽으로 내려 보낸다. 이러한 두 기전으로 배변 욕구가 일어나는 것을 배변반사라 한다.

대변을 참을 수 있는 것은 항문을 조이는 항문조임근이 기능을 잘하기 때문이다. 이 근육은 항문 안쪽에 위치한 것과 바깥에 위치한 것으로 구분되는데 안쪽 근육이 이완되면 바깥 근육이 자동으로 수축해 배변을 막는다. 화장실에서 힘을 주는 것은 바깥에 있는 근육을 이완하기 위해서다. 힘을 주는 것과 동시에 숨을 참고 배근육을 수축시켜 배의 압력을 높이면 배변이 빨라진다.

변비를 해결하려면 섬유질 음식을 먹자

배변 욕구를 느껴 화장실에 갔는데 아무리 힘을 줘도 항문의 근육이 이완되지 않거나 이완이 되더라도 대변이 너무 굳어서 항문을 통과해 나가기 어려울 때가 있다. 대변이 제때 몸 밖으로 빠져나가지 않으면 큰창자에 머무는 시간이 길어지고, 큰창자에서는 한 방울의 물이라도 더 흡수하므로 대변이 점점 딱딱해진다. 이를 변비라 한다. 변비가 생기면 큰창자에 대변이 머무는 시간이 길어지고 물을 점점 더 흡수해 배변이 힘들어지는 악순환이 거듭된다. 결국 변비는 그 자체로 변비를 더 심하게 한다.

흔히 하루에 한 번 화장실에 다녀오는 게 좋다고 하지만 화장실에 얼마나 자주 가야 정상인지는 사람마다 다르다. 며칠째 배변을 하지 못해 배에 대변이 꽉 차서 배설 욕구가 있지만 아무리 힘을 줘도 배설이 안 되면 변비라 할 수 있다. 태어나서부터 줄곧 3일에 한 번씩 배변을 했다면 최근 3일간 배변을 하지 않았더라도 변비라 하지 않는다.

배변 간격보다 더 중요한 것은 대변의 상태다. 대변이 물러 쉽게

잘 먹고 잘 내보내자

빠져나간다면 문제가 생길 가능성이 낮지만 딱딱한 대변이 큰창자에 머물러 있으면 창자벽을 자극한다. 딱딱한 덩어리가 창자벽을 누르면 주변의 혈관이 눌리고, 결과적으로 대변이 들어찬 부위 주변의 혈액순환이 나빠진다. 그러면 주변 조직이 필요한 산소와 영양분을 적절히 공급받지 못해 치핵으로 발전할 수 있다.

치핵은 항문 주변의 혈관과 결합조직이 덩어리를 이룬 뒤 아래로 늘어져 돌출되거나 출혈이 생기는 현상을 가리킨다. 치핵이 생기면 변을 본 뒤에 닦으려 할 때 항문 밖으로 뭔가가 빠져나온 것을 느낄 수 있다. 또는 피가 묻어 나올 수 있다. 증상이 약하면 약을 먹거나 식습관을 바꾸고 대변보는 습관을 고쳐서 해결할 수 있지만 심하면 수술로 없애야 한다.

고쳐야 할 습관 중의 하나는 화장실에 갈 때 스마트폰을 들고 가는 것이다. 화면을 보는 데 열중하다 보면 굳이 오래 앉아 있게 되고 배변을 마친 뒤에도 계속해서 힘을 줄 수 있기 때문이다. 배변 자세로 오래 앉아 있어도 치핵이 생길 가능성이 커지니 일이 끝났으면 후딱 제자리로 돌아오자.

최근에는 좋은 약이 많이 개발되어서 변비는 약으로 비교적 쉽게 해결할 수 있다. 변비약은 작용 기전에 따라 큰창자의 운동을 활발하게 만들어 창자로 들어온 내용물이 빨리 빠져나가게 하는 약과 대변을 부풀어 오르게 해서 잘 빠져나가게 하는 약으로 나뉜다. 변비약은 배변이 아주 곤란할 때만 써야 한다. 습관적으로 변비를 약으로 해결하다 보면 큰창자는 약에 적응해 더 이상 운동하지 않고 버티게 되어서 기능이 더 나빠질 수 있다. 주인이 주는 음식을 받아먹고 자란 동물이 야생에서 견디기 힘든 것과 같은 이치다.

변비를 피하는 가장 좋은 방법은 섬유질이 든 음식을 많이 먹는 것이다. 여기서 섬유질이란 뭘까? 섬유가 가늘고 긴 모양을 하고 있듯, 영양소나 몸의 구조를 이야기할 때도 섬유라는 말이 나오면 분자구조가 가늘고 긴 모양을 하고 있다고 생각하면 된다. 섬유질은 주로 식물성 음식에 많이 들었으며 탄수화물이나 지방과 비교하면 포만감도 느끼지 못하고 에너지원으로 기능하지도 못하므로 먹어봐야 힘을 쓸 수는 없다. 그럼 무엇을 하느냐고? 바로 몸속에 쌓인 노폐물을 청소한다. 큰창자에서 대변이 형성될 때 대변을 무르게 해 변비가 생기지 않고 잘 빠져나가게 하는 것은 두말할 나위가 없다. 그러니 평소 자신이 먹는 음식의 섬유질 함량을 따져 보는 게 좋다.

한편 설사는 변비와 달리 대변이 작은창자에서부터 큰창자를 지나 항문으로 빠져나갈 때까지 너무 빨리 지나가는 현상이다. 그러다 보니 소화 과정에 있는 음식이 몸에 흡수될 시간이 없음은 물론 큰창자에서 물을 흡수할 수도 없으므로 물이 많은 대변이 나온다.

설사가 생기는 가장 큰 원인은 몸에 해로운 물질이 들어오는 것이다. 음식에 오염된 세균이나 독소가 들어 있다가 작은창자에 이르러 몸에 나쁜 물질을 만들거나, 작은창자에 들어온 세균이 많아서 창자벽을 자극하면 설사가 일어난다. 오염된 물을 마실 때 몸속으로 미생물병원체가 침입해서 생기는 병이라서 '수인성전염병'이라 하는 콜레라와 이질에 걸려도 설사를 한다. 이때 빠져나가는 물의 양은 마신 양보다 더 많으므로 물을 보충하지 않으면 탈수 증세가 일어난다. 특히 자기 의사를 확실히 표현하지 못하는 아기가 설사를 심하게 할 때 물을 보충해 주지 않으면 피가 뻑뻑해져서 흐름이 원활하지 못할 수 있기에 빠르게 조치해야 한다.

건강 상태를 알려 주는 대변과 방귀

정상적인 대변은 어떤 색을 띨까? 사람마다 조금 다르게 표현할 수는 있지만 대개 '누렇다'고 할 것이다. 물론 더 짙거나 밝아질 수 있다. 대변 상태를 진단하는 것만으로도 몸속에서 자라고 있는 질병을 찾아낼 수 있다.

대변이 누런 것은 적혈구가 수명을 다해 깨지며 흘러나온 헤모글로빈이 대사되는 과정에서 생겨난 빌리루빈bilirubin의 색이 노래서다. 빌리루빈은 간으로 가서 처리되어야 하나 일부가 간에서 창자로 흘러들어 대변을 노랗게 만든다. 참고로 얼굴이 노랗게 바뀌는 황달은 빌리루빈이 대사되지 못하고 온몸을 돌아다니다 얼굴에 쌓이는 현상이다.

대변이 빨갛다면 항문이나 큰창자 아랫부분에 피가 흐르고 있다는 뜻이다. 치핵이 생겼거나 큰창자에 출혈을 일으키는 손상이 생기면 배변 과정에서 피가 묻어 나와 대변이 빨개진다.

대변이 까맣다면 위나 샘창자 부위에 출혈이 생긴 것이다. 출혈 때문에 소화기관으로 흘러든 피가 창자를 지나가면서 핏속의 내용물이 대사되고 나면 대변이 까매진다. 심한 위궤양으로 위벽이 갈라져 주변의 모세혈관으로부터 피가 흘러나오는 게 검은 대변의 가장 흔한 원인이다. 빨간색이든 검은색이든 출혈이 의심되면 즉시 병원에 가서 출혈의 원인을 찾아내고 처치해야 한다.

대변의 모양도 질병을 보여 줄 때가 있다. 가래떡처럼 원기둥 모양이 아니라면 항문 안쪽에 뭔가가 있어서 대변이 나가는 길을 막고 있는 것이다. 그것이 무엇인지 확인하고 수술로 제거해 더 큰 질병을 막아야 한다. 특히 반달 모양으로 빠져나온다면 큰창자에 종양이 생겨서일 수도 있으니 즉시 진단을 받는 게 좋다.

"똥이 무서워서 피하나? 더러워서 피하지"라는 말이 있다. 대변을 피하는 것은 그 자체가 더러워 그런 것도 있지만 지저분한 냄새 때문이기도 하다. 대변에서 냄새가 나는 것은 큰창자에 살고 있는 세균주로 대장균 때문이다. 이 세균은 음식물에 포함된 단백질을 분해하면서 대변 냄새를 풍기는 물질을 만든다. 냄새가 독하다는 것은 대장균의 활동이 활발하다는 뜻이다. 즉 단백질이 많이 든 음식을 먹으면 냄새를 풍길 재료가 많아지므로 초식동물보다는 육식동물

잘 먹고 잘 내보내자

이, 채식주의자보다는 고기를 즐겨 먹는 사람이 배변한 대변 냄새가 더 강하다.

비슷하게 지저분한 냄새를 풍기는 방귀는 몸에 필요 없는 물질을 밖으로 내보내는 과정이기에 참으면 몸에 좋지 않다. 참고 있으면 기체가 혈액으로 녹아 들어가 온몸을 떠돌아다닐 수도 있다. 몸속에서 제 몫을 다하고 폐처리되어 밖으로 나가야 할 기체가 다시 몸으로 들어오면 질소 과다가 혼수상태를 일으키는 것과 같이 여러 가지 병을 일으킬 수 있다.

방귀를 뀔 때 '부왁' 또는 '뽕' 소리가 나는 것은 방귀로 나가는 기체가 항문조임근의 진동을 일으키기 때문이다. 입으로 얼마나 공기를 많이 마시느냐에 따라 방귀의 양도 결정되며, 50~90퍼센트는 항문으로 나가지 않고 큰창자에서 혈관으로 흡수되어 트림을 하거나 숨 쉴 때 빠져나간다. 방귀를 뀔 때 시원한 느낌이 들고 냄새가 나지 않으면 소화가 잘되는 것이고, 나쁜 냄새가 날수록 큰창자에 이상이 생겼을 가능성이 크다. 또 큰창자에 특정 세균이 자라거나 단백질이 풍부한 식사를 하면 암모니아, 황화수소 등이 생겨 악취를 일으킨다.

유행성 이하선염을 해결한 힐만

학교에서 많이 발생하는 질병은 무엇일까? 첫째가 감기, 그다음이 유행성 이하선염이다. 유행성 이하선염은 4세부터 6세, 13세부터 18세 사이에 발생률이 높고, 연중 4월에서 6월, 10월에서 이듬해 1월 사이에 많이 발생한다. 오늘날 신생아 필수 예방접종에 포함된 MMR은 홍역measles과 유행성 이하선염mumps, 풍진rubella 백신을 한데 모은 것인데, 이 예방접종을 제대로 받지 않은 중학생들이 매년 다른 감염병보다 유행성 이하선염에 많이 걸린다. 아직 예방접종을 받지 않았다면 지금이라도 받아 두자.

과거에는 유행성 이하선염을 볼거리라고 했다. 이 병을 일으키는 파라믹소바이러스paramyxovirus에 감염되면 귀 밑에 위치한 침샘이 붓는다. 보통은 한쪽에 감염되어 붓기 때문에 얼굴의 양쪽 균형이 맞지 않아서 얼른 눈에 띄지만 대개 특별히 치료하지 않더라도 며칠 지나면 정상으로 돌아오니까 걱정할 필요는 없다.

이렇듯 불편하기는 해도 심각한 병은 아닌 유행성 이하선염이 크게 줄어든 것은 백신이 개발되었기 때문이다. 이 백신은 딸을 사랑한 미국의 바이러스학자 모리스 힐만이 개발했다.

1963년 3월 21일 새벽. 필라델피아 외곽에 살고 있던 힐만은 다섯 살난 딸의 목소리를 듣고 잠에서 깼다. 입에서 목으로 넘어가는 인후 부위의 통증을 호소하는 딸의 한쪽 뺨이 부풀어 있는 걸 발견한 힐만은 딸이 유행성 이하선염에 걸렸음을 짐작할 수 있었다. 그냥 두면 낫는다는 건 알았지만 고통스러워하는 딸의 모습에 마음이 아팠다. 힐만이 할 수 있던 일은 우는 딸을 침대로 데려가 달래 주며 다시 잠들게 하는 것뿐이었다.

침대에서 잠든 딸의 얼굴을 보던 힐만은 딸에게 생긴 병터를 이용해 유행성 이하선염 백신을 만들어야겠다고 생각했다. 그래서 늦은 밤에 자신의 실험실로 차를 몰았다. 실험 도구를 갖고 집에 돌아와 잠든 딸의 뺨에서 연구에 필요한 시료를 얻은 뒤 다시 연구실로 달려갔다. 마침 다음날 여행을 떠나야 했기에, 돌아온 뒤 배양에 이용하려고 냉장고에 보관한 것이었다.

여행을 마치고 집으로 돌아왔을 때 어린 딸은 예상대로 완전히 나아 있었다. 그리고 힐만은 딸에게서 얻은 시료에서 바이러스를 분리해 백신을 제조하는 데 성공했고 1967년에 미국 식품의약품안전처FDA의 승인을 얻어 백신을 널리 퍼뜨렸다. 이는 유행성 이하선염 백신의 유래가 되었다.

오늘날 세계에서 가장 큰 제약회사인 머크사에서 바이러스와 세포생물학 분야 책임자로 일한 힐만은 그 뒤로도 홍역, A형 간염, B형 간염, 수두, 뇌수막염 등을 예방하는 백신을 40가지 남짓 개발했다. 한편에서는 20세기에 탄생한 인물 중 가장 많은 사람의 생명을 구한 인물이라는 평가까지 받았다. 에이즈의 원인이 되는 바이러스를 발견한 로버트 갈로는 그를 가리켜 '역사상 가장 성공한 바이러스학자'라 했고, 머크사는 그가 세상을 떠난 뒤 노스캐롤라이나 두르햄에 세운 백신 제조시설에 그의 이름을 남겨 기념하고 있다.

4. 나른한 오후

졸다가도 발표하고 운동하기

볼의 혈액순환이 좋은 우리는 볼 빨간 소녀단.
조금만 쑥스럽거나 긴장해도 순식간에 얼굴이
빨개진다. 누가 얼굴 빨개졌다고 말해 주면
당황해서 목까지 빨개진다. 대체 왜 이러는 걸까?

왜 오후만 되면
졸리지?

✖

소화와 식곤증

점심을 먹고 얼마 지나지 않아 꾸벅꾸벅 졸아 본 적이
없는 사람도 있을까? 산들바람이 부는 따스한 봄날이
되면 특히 졸리다. 우리 몸에서 가장 작은 힘으로
움직일 수 있는 게 눈꺼풀이라던데⋯. 점심만 먹고 나면
눈꺼풀이 왜 그렇게 무거워지는지 아무리 힘을 줘도
끄떡도 하지 않는다.
점심을 먹지 않으면 덜 졸리지만 그렇다고 하루 중
가장 즐겁고 기대되는 일을 포기할 수는 없는 일이다.
점심시간에 입안으로 사라진 음식이 몸속에서 대체
무슨 일을 벌이기에 왜 매일 오후 식곤증이 찾아오는
걸까? 열심히 공부하려는 마음도 모르고.
정말 괴롭다, 괴로워.

위에서의 소화

입과 식도를 통과한 음식은 위로 들어간다. 위는 위아래로 관이 연결된 주머니 모양인데 식도에서 위로 연결되는 부분을 들문, 위에서 작은창자로 연결되는 부분을 날문이라 한다. 위로 들어온 음식물은 위에서 분비하는 분비물과 섞여 액체 속에 건더기가 든 모양이 된다. 이를 미즙chyme이라 한다. 이어서 위의 꿈틀운동은 음식을 기계적으로 박살 내고, 강한 산성인 위액은 음식을 영양소별로 쪼개며, 펩신과 같은 효소는 단백질을 소화시킨다. 그 뒤 작은 건더기가 남은 상태로 완전히 소화되지 못한 채 날문을 통과하면 작은창자에서 소화를 마무리하고 작은창자벽을 통해 영양소를 인체로 흡수한다.

날문에는 날문조임근이 있어 미즙의 흐름을 일정하게 조절한다. 미즙은 위에서 분비된 염산과 섞여 있기에 강산성을 띠고 있을 뿐 아니라 부식성을 지니고 있다. 토할 때 식도에 기분 나쁜 느낌이 드는 이유도 강산성인 위액 때문에 식도에 있는 세포가 손상을 입어서다.

위에서 음식이 충분히 소화되기 전에 계속해서 음식을 먹어도 날문조임근의 기능은 변하지 않아서 위에는 음식을 쌓인다. 비어 있는 위는 음식물이 들었을 때보다 수축해 위 점막에 세로로 주름이 잡히며, 이를 위주름이라 한다. 위에 음식물이 차면 위의 부피가 늘어나면서 위주름도 거의 사라진다. 위에 차 있던 음식이 작은창자로 빠져나가면 부피가 줄면서 위주름이 다시 나타난다. 음식이 잔뜩 들어와서 위가 최대로 팽창되었을 때 부피는 대개 1,500밀리미터다. 우리나라 여성은 남성보다 15퍼센트가량 용량이 작은 것으로 알려져 있다. 위의 신축성이 뛰어나면 한 번에 다른 사람보다 더 많이 먹을 수 있지만 너무 많이 채우면 위의 기능에 무리가 간다는 것을 기억하자. 위에 음식이 가득해도 뇌에서 그 사실을 인지해 행동으로 옮기기까지는 시간이 필요하니 음식을 천천히 먹는 것도 지나친 영양 섭취를 막는 방법이다.

이제 탄수화물부터 시작해 영양소를 위에서 어떻게 소화하는지 살펴보자. 입에서 아밀라아제에 의해 소화되기 시작한 탄수화물을 위가 본격적으로 소화를 맡을 시기에 이르면 위액의 pH는 2 정도까지 떨어진다. 그러면 아밀라아제는 기능을 멈추고, 이때부터 탄수화물은 기계적 소화만 일어난다.

입에서 작은 조각으로 변한 뒤 식도를 거쳐 위로 들어온 지질은 리파아제에 의해 가수분해된다. 동물의 소화 과정에서 리파아제의 기능이 잘 발휘되는 pH는 중성에서 약염기성이므로 강산성인 위에

> 리파아제(lipase): 지질 중 글리세롤과 지방산이 결합된 지방을 가수분해한다. 주로 췌장에서 분비되지만 위와 간, 모유 등에서도 분비되어 지방 소화를 담당한다.

서 지질은 충분히 소화되지 않는다. 덜 소화된 지질은 작은창자로 들어가 췌장에서 분비된 리파아제로 완전히 소화된다. 이때 간에서 분비되어 쓸개에 저장되어 있다가 작은창자로 들어온 쓸개즙이

지질 소화를 돕는다.

　단백질도 위에서 펩신pepsin에 의해 눈으로 보이지 않을 만큼 작게 소화된 뒤 작은창자에서 완전히 소화된다. 펩신은 그리스어로 소화를 뜻하는 펩시스pepsis에서 유래했다. 위에서는 펩신에 앞서 펩시노젠pepsinogen을 생산하며, 이것이 소화 기능을 가진 펩신으로 변하면 위로 들어온 단백질을 소화시킨다. 펩신의 기능이 잘 나타나는 pH는 1.5에서 3 사이다. 때문에 비어 있는 위에 음식물이 들어오면서 위가 염산을 충분히 분비해야 펩신이 단백질 소화를 시작할 수 있다. 음식으로 섭취된 단백질은 입체 구조를 하고 있으며, 펩신에 의해 잘게 잘라진다. 다시 말해 단백질은 기본적으로 아미노산 20종이 입체적으로 연결된 모양을 하고 있으나, 펩신에 의해 소화되면 아마노산이 여러 개 연결된 조각으로 분해되어 작은창자로 들어간다.

　이처럼 위에서는 산성의 위액과 소화효소에 의한 화학적 소화와 더불어 꿈틀운동에 의한 물리적 소화가 일어난다. 또 짧은 시간이지만 음식물을 저장하기도 한다. 고기처럼 소화가 잘되지 않는 음식에 비해 소화가 잘되는 채소를 먹으면 일찍 배가 고파지는 것은 저장 시간, 즉 위 속에 머무는 시간이 달라서다. 그 외에 위는 내인인자를 만들며 비타민 B12가 잘 흡수되도록 돕는 등 여러 기능을 한다.

뇌에 산소가 부족해

사람은 음식을 먹고 나면 긴장이 풀리면서 편안함을 느끼게 하는

부교감신경이 활성화된다. 부교감
신경은 소화를 촉진하는 기능을
하고, 위와 작은창자에서 소화를
잘하려면 운동에 필요한 에너지
를 얻어야 한다. 이를 위해 산소가
든 피가 잘 공급되어야 한다. 따라

부교감신경: 호흡, 순환, 대사 등 생명 활동의 기본이 되는 기능을 통해 생명체의 항상성을 유지하는 신경을 자율신경이라 한다. 자율신경 중 교감신경은 심장박동과 혈압 증가처럼 급한 상황에서 일어나는 현상을 담당하고, 부교감신경은 에너지를 절약해 신체에 저장하는 작용을 한다.

서 위와 작은창자로 혈액이 많이 몰리고 상대적으로 뇌로 가는 피
가 줄어 산소가 부족해지니까 집중력이 떨어지고 졸음이 쏟아진
다. 이를 식곤증이라 한다.

식곤증은 음식을 많이 먹을수록 잘 나타나는 것으로 알려져 있
다. 지방과 탄수화물을 많이 먹으면 이를 소화시키기 위해 더 많은
에너지가 필요할 테니 식곤증이 심해진다는 것은 쉽게 이해된다.
그런데 단백질을 구성하는 아미노산 중 트립토판tryptophan이 식곤
증을 일으킨다는 연구 결과도 있다.

트립토판은 사람이 몸속에서 합성할 수 없기 때문에 반드시 음
식으로 먹어야 하는 필수 아미노산이다. 우유, 바나나, 완두콩, 견
과류, 닭고기 등에 많이 들었으며, 생체 리듬을 조절하고 잠을 부
르는 멜라토닌과 뇌에서 신경을 전달하는 물질의 하나인 세로토닌
serotonin을 합성하기 위한 재료로 이용된다. 세로토닌은 기억과 학

습, 감정 상태에 영향을 미치며 혈소판의 혈액응고 반응에 관여한다. 우울증 치료제로도 사용되는 세로토닌은 행복한 기분을 느끼게 하고 긴장을 이완시킨다. 세로토닌이 부족하면 식욕이 늘고 증가하면 식욕이 떨어진다. 때문에 식곤증이 아니라 잠이 오지 않아 힘들 때는 트립토판이 풍부한 우유를 마시면 도움이 된다.

식곤증을 막을 방법은 없을까? 가장 쉬운 방법은 음식을 조금만 먹는 것이다. 안 먹으면 효과가 확실하지만 그러다가는 몸에 더 큰 문제가 생길 수 있다. 되도록 아침을 챙겨 먹고, 점심은 과식하지 말아야 한다. 아침을 굶어서 완전히 비워진 위와 창자에 갑자기 많은 음식이 들어오면 이를 모두 소화하기 위해 무리한 운동을 해야 하기 때문이다.

식곤증은 뇌에 산소가 부족한 현상이니까 식사 뒤 간단한 운동을 하는 것도 좋다. 운동을 하면 일시적으로 산소 소모가 많아지기는 하지만 이를 보충하기 위해 산소 공급이 더 잘되기 때문이다.

환기가 안 되어도 식곤증이 올 수 있다. 특히 아침부터 저녁까지 많은 학생이 한 교실에서 숨을 쉬면 산소 농도는 낮아지고 이산화탄소 농도가 높아진다. 환기가 잘되지 않으면 자연적으로 농도 조절이 되지 않아서 시간이 갈수록 이산화탄소 농도가 높아져 나른해지고 졸린다.

발표할 차례야,
제발 빨개지지 마

✖

홍조, 에탄올, 혈류

"화장했어? 블러서 뭐 쓴 거야?"

친구가 묻는다. 아닌데. 볼터치 안 했는데…. 얼굴을
만져 보니 따끈따끈하게 열이 올라서 손이 따뜻해질
정도다. 다음 시간에 발표할 생각을 했을 뿐인데 얼굴이
그새 빨개지고 말았다. 점점 빨갛게 될 텐데 어쩌지?
긴장을 조절할 수도 없고 얼굴색을 마음대로 바꿀 수도
없으니 어떻게 해야 할지 모르겠다. 아무리 마음을
다잡고 여러 번 연습을 해도, 막상 발표하러 나갈 때면
얼굴로 피가 몰려 홍당무가 되고 만다. 어렸을 때는 많은
사람 앞에 나가 춤추고 노래 불러도 빨개진 적이 없는데,
대체 왜 이러는 걸까. 하필이면 발표 순서도 맨 처음이라
더 부담스럽다.

얼굴이 빨개지는 건 피가 잘 흐르고 있다는 증거

얼굴이 빨개지는 안면홍조는 얼굴에 분포하는 모세혈관이 확장되면서 흐르는 피의 양이 일시적으로 늘어나 나타나는 현상이다. 안면홍조는 폐경기 여성의 2/3 이상이 겪을 만큼 흔한 증상이며, 호르몬의 영향을 받음을 의미한다. 사춘기 때 자주 얼굴이 빨개지는 것도 호르몬 변화가 잘 일어나서다. 인기 가수 볼빨간사춘기도 화면으로 보기에 볼이 붉지는 않지만 사춘기의 수줍은 모습을 표현하고자 그룹의 이름으로 삼은 거 아닐까?

물론 사춘기가 아니어도 안면홍조가 생길 수 있다. 약이나 화장품 사용에 따른 피부 질환여드름, 알레르기피부염, 아토피 등, 피부 자극, 유전적 성향, 음주, 지나친 운동이나 격한 감정으로 얼굴에 힘이 심하게 몰리면서 발열이 지속될 때도 얼굴이 붉어진다.

모세혈관이 넓어지면 핏속에 포함된 산소나 영양소 공급이 잘 되는 것이니 건강에는 좋은 일이다. 하지만 열감이 느껴지면 감정 조절이 어려운 데다 주변 사람의 시선을 끌게 되어 일상생활이 불편해질 수 있다.

아주 심하지 않으면 그냥 둬도 괜찮지만 다른 병이 있어서 안면홍조가 계속된다면 치료하는 것이 좋다. 안면홍조로 고생하는 폐경기 여성은 에스트로젠 분비가 줄어든 상태이므로 에스트로젠을 치료제로 쓸 수 있다. 또한 평소 규칙적인 운동으로 건강을 유지하면 가끔 격한 운동을 하더라도 안면홍조가 덜할 수 있다.

사춘기의 호르몬 변화는 개인이 조절할 수 없고, 폐경기와 다르게 다양한 호르몬이 관여하므로 호르몬 치료를 시도할 필요가 없다. 어차피 가능하지도 않다.

문제는 발표할 생각만으로도 얼굴이 빨갛게 변한 것이다. 이렇듯 긴장하면 얼굴이 빨개지는 것은 교감신경이 자극받아 심장박동이 빨라지기 때문이다. 심장박동이 빨라지면 심장에서 혈관으로 빠져나오는 피의 양이 늘고, 이 피가 모두 이동하려면 혈관이 넓어져야 한다. 모세혈관이 넓어지면 통과하는 피의 양이 늘고 피가 지닌 빨간색이 바깥으로 비춰져 홍조를 띤다.

이처럼 사춘기에 접어든 청소년의 몸에 별다른 이상이 없는데도 일어나는 홍조를 감정홍조라 한다. 많은 사람 앞에서 발표하거나 마음이 끌리는 친구에게 말을 걸 때 등 여러 상황에서 생기는 감정홍조 또한 안면홍조의 한 가지다. 즉 긴장한 상태에서 심장박동이 빨라져 피가 많이 흐르는 원리는 마찬가지다. 감정홍조는 시간이 지나 감정이 가라앉으면 정상으로 돌아가므로 그냥 둬도 아무 문제가 없다. 예를 들어 발표 전에 얼굴이 빨개져도, 발표 시간까지 여유가 있으면 가라앉을 가능성은 있다. 그러나 준비가 부족하다고 생각해 계속 긴장하면 홍조는 오래 간다.

이를 해결하기 위해 찬물에 얼굴을 적셔 볼 수 있다. 올라간 체온을 떨어뜨려야 늘어난 혈관이 수축되면서 열 발산이 줄기 때문이다. 그렇다고 얼음물에 세수하지는 말자. 너무 차가운 물이 닿으면 사람의 몸이 외부환경찬물에 적응하기보다 홍조가 발생한 과정을 더 강화한다. 가장 좋은 방법은 감정 조절을 하는 것이다. 자신감을 가지고 발표 준비를 철저하게 한다면 아무리 호르몬의 영향을 많이 받는 청소년 시기더라도 얼굴이 빨개지는 바람에 능력을 제대로 드러내지 못하는 상황을 피할 수 있을 것이다.

에탄올도 얼굴을 빨갛게 만든다

안면홍조가 나타나는 또 다른 원인은 술을 마시는 데 있다. 먼저 술에 든 알코올alcohol의 정체부터 짚어 보자.

알코올은 탄소와 수소로 이뤄진 물질에 수산기-OH가 결합한 구조이며 투명하고 휘발성이 강한 액체다. 알코올은 종류가 많고 특성도 서로 다르므로 반드시 구분해야 한다. 탄소가 1개면 메탄올methanol, 2개면 에탄올ethanol, 3개면 프로판올propanol, 4개면 부탄올butanol이라 한다.

이 중에서 에탄올은 다른 알코올과 마찬가지로 투명하고 특유의 냄새를 지니며 물에 잘 섞인다. 3대 7로 물과 에탄올을 섞으면 주사를 놓는 부위에 미생물이 침입하지 않도록 바르는 소독제가 된다. 또한 효모가 발효해 만들어진 술에도 에탄올이 들어 있다.

에탄올이 함유된 술을 마시면 위와 작은창자에서 흡수되어 피로 들어가 사람의 기분을 상승시키는 효과가 있다. 에탄올이 뇌가 주로 담당하는 중추신경을 억제하는 효과를 내기 때문이다.

사람에 따라 다르지만 술을 마시면 얼굴이 빨개지는 경우가 있다. 심하면 한 잔만 마셔도 피부색이 완전히 빨갛게 변한다. 이러한 변화는 모세혈관의 신축성에 따라 결정되므로 보기에 좋지 않은 것 말고는 문제없고, 홍조를 없애려면 음주를 멈추고 기다리면 된다.

핏속에 에탄올 농도가 많이 높지 않을 때는 평소보다 기분이 좋은 정도지만, 농도가 높아지면서 중추신경이 더 많이 억제되면 자신을 통제하지 못하고 엉뚱한 행동을 보인다. 무엇보다 음주의 가장 큰 문제는 운전을 하는 데 있다. 음주운전은 자칫 다른 사람에게 돌이킬 수 없는 큰 피해를 입힐 수 있기에 법으로 금지되어 있다.

"식사와 함께 술을 한잔하는 것은 몸에 좋다"라는 말이 있다. 이론적으로 술을 마시면 혈관이 넓어져 혈액순환이 쉬워지고, 이에 따라 피로 운반되는 산소와 영양소가 잘 전달될 수 있으므로 틀린 말은 아닐 수 있다. 그러나 알코올은 그 자체로 암 발생을 높인다는 연구 결과도 있다. 버릇처럼 때마다 식사와 술을 함께하는 태도는 전체를 보지 않고 일부분에 치우친 채 자신을 합리화하는 것일 뿐이다.

또한 잔뜩 취한 상태에서 덥다고 외투를 벗는 것도 위험할 수 있

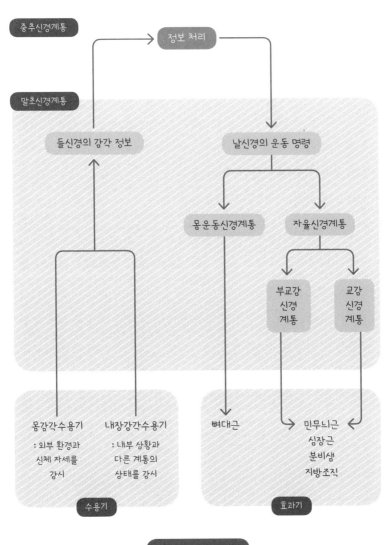

중추신경계통

정보 처리

말초신경계통

들신경의 감각 정보

날신경의 운동 명령

몸 운동신경계통

자율신경계통

부교감
신경
계통

교감
신경
계통

몸감각수용기

: 외부 환경과
신체 자세를
감시

내장감각수용기

: 내부 상황과
다른 계통의
상태를 감시

뼈대근

민무늬근
심장근
분비샘
지방조직

수용기

효과기

신경계통의 기능

다. 혈관이 넓어져 열이 나기 때문에 더위를 느끼는 것인데, 이대로 집에 잘 들어가면 상관없지만 야외에서 정신을 잃고 잠들면 심각한 문제가 생길 수 있다. 시간이 지나면서 에탄올이 대사되어 다른 물질로 바뀌기 때문이다. 에탄올 농도가 낮아져 혈관이 수축하면 열 손실이 많아져서 동사의 위험에 처하는 것이다.

✖
수줍은
실험

중요한 발표를 앞두고 긴장하고 있을 때 맥박을 짚어 보면 심장박동이 빨라졌음을 알 수 있다. 심장이 빨리 뛰는 것은 교감신경이 자극을 받았기 때문이다. 이 상태에서 달리기를 해보자. 아무 준비 없이 달리기 시작했을 때와 비교해 출발 직후만큼은 빨리 뛸 수 있다.

목소리를 바꾼
마법의 호르몬

✖

변성, 호르몬

1994년에 〈마법의 성〉이라는 노래가 인기를 끌었다.
아름다운 노랫말은 마치 한 편의 환상동화 같다.
주인공이 꿈에서 용기와 지혜를 얻어 역경을 헤치고
마법에 빠진 공주를 구한 뒤 하늘로 날아간다는
내용이다.
가장 크게 이슈가 된 것은 가수의 목소리였다.
이 노래를 부른 가수가 아주 아름다운 미성의
목소리를 가진 남성이어서 듣는 이를 놀라게 한 것이다.
그런데 그는 얼마 뒤 더 이상 그 노래를 부르지 않아
사람들을 다시 한번 놀라게 했다. 변성기를 맞지 않은
중학생일 때 노래를 불러 인기를 얻었는데, 시간이 지나
목소리가 변하자 더 이상 전처럼 노래하지 못하게 된
것이다.

목소리 변성은 이차성징의 증거

변성기는 사춘기에 접어들면서 이차성징이 일어나 목소리가 변해 가는 시기를 가리킨다. 목소리는 숨을 쉴 때 공기가 폐로 들어와 피에 산소를 전해 준 뒤 나갈 때 성대를 통과하는 과정에서 성대 근육이 서로 부딪쳐 떨리면서 만들어진다. 성대는 길이가 2센티미터밖에 안 되는 작은 근육 조직으로, 호흡할 때 공기가 드나들 수 있도록 열려 있다. 말하기 위해 소리를 내면 성대가 진동하는데 이 때 성대가 닫히면서 목소리가 난다.

목소리는 발성기관, 공명기관, 조음기관의 합동으로 탄생한다. 발성기관은 성대를 울리게 해 소리를 만들고, 공명기관은 인두와 구강과 비강을 통해 소리를 증폭하고 고유의 음색을 가지게 한다. 조음기관은 입술, 혀, 이, 입천장 등에서 말을 만드는 기능을 한다.

목소리 형성에 가장 중요한 후두부는 지문이나 홍채처럼 사람마다 모양이 다르다. 여기서 호흡의 힘으로 성대를 진동시키는 게 소리가 만들어지는 과정이다. 가수가 되기 위해 발성연습을 하면서 더 매력적인 목소리를 만드는 것도 이러한 원리를 적용한 것이다.

사춘기에 접어들 때 변성기가 오는 것은 신체가 자라면서 목소리를 담당하는 부위도 함께 성장하기 때문이다. 대개 열 살에서 열네 살 사이에 변성기가 찾아오며 목소리가 변화하는 시간은 짧으면 몇 개월, 길면 1년을 넘길 정도로 사람마다 무척 다르다. 이 시기에 남성은 목소리가 낮아질뿐더러 목소리를 내려 해도 말은 안 나오

고 소리만 나오기도 할 만큼 불안
정해진다. 변성의 이유는 해부학
적 구조의 변화 외에 테스토스테론
이 분비되는 데도 있다. 테스토스

테스토스테론(testosterone): 모든 척추동물이 성에 관계없이 콜레스테롤로부터 합성하는 성호르몬. 남성의 사춘기에 이차성징 발현과 생식기 발달에 관여한다.

테론 분비가 많아지면 성대가 두껍고 길어지는데, 이게 바로 남성의 목에 목젖이 생기는 이유다. 남성에 비해 여성은 변성기를 모르고 지나기도 할 만큼 변화가 작은 것은 테스토스테론 분비량이 적고, 성대 모양이 별 변화 없이 크기만 커져서다.

변성기에 성대를 잘 관리하지 못하면 목소리가 불안정해지고 병이 날 수 있다. 무리하게 노래 부르거나 목소리를 내지 말고 조심하자.

사람의 몸에서 다양한 기능을 하는 호르몬

호르몬은 우리 몸에서 만들어지고 분비되어 표적기관으로 이동하는 화학물질이다. 혈액을 타고 표적기관에 이르면 세포에 있는 수용기와 결합해 기능한다. 호르몬은 아미노산을 재료로 합성되는 펩티드호르몬과 지질성분인 스테로이드를 재료로 하는 스테로이드호르몬으로 구분할 수 있다.

사람의 몸에서는 30가지가 넘는 호르몬이 끊임없이 만들어지고 있으며, 계속 새로운 것이 발견되고 있다. 이처럼 다양한 호르몬은

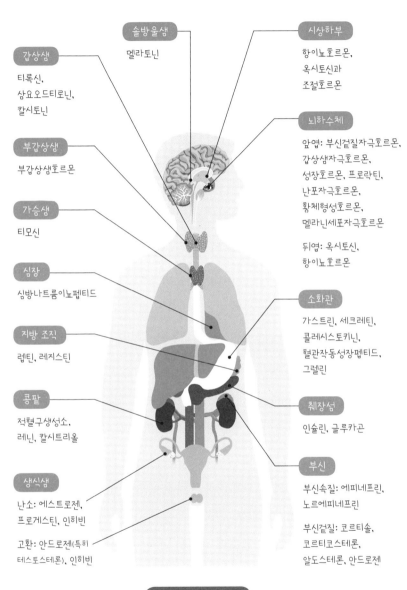

솔방울샘
멜라토닌

시상하부
항이뇨호르몬,
옥시토신과
조절호르몬

갑상샘
티록신,
삼요오드티로닌,
칼시토닌

뇌하수체
앞엽: 부신겉질자극호르몬,
갑상샘자극호르몬,
성장호르몬, 프로락틴,
난포자극호르몬,
황체형성호르몬,
멜라닌세포자극호르몬

뒤엽: 옥시토신,
항이뇨호르몬

부갑상샘
부갑상샘호르몬

가슴샘
티모신

심장
심방나트륨이뇨펩티드

소화관
가스트린, 세크레틴,
콜레시스토키닌,
혈관작동성장펩티드,
그렐린

지방 조직
렙틴, 레지스틴

콩팥
적혈구생성소,
레닌, 칼시트리올

췌장섬
인슐린, 글루카곤

생식샘
난소: 에스트로젠,
프로게스틴, 인히빈

고환: 안드로젠(특히
테스토스테론), 인히빈

부신
부신속질: 에피네프린,
노르에피네프린

부신겉질: 코르티솔,
코르티코스테론,
알도스테론, 안드로젠

호르몬의 종류

성장, 수면, 체온, 배고픔, 스트레스 조절 등 아주 많은 기능을 하기 때문에 아주 적은 양으로도 생명을 좌우할 만큼 중요하다.

내분비계통은 사람의 몸에서 호르몬이 만들어져 기능하는 과정을 담당하는 계통이다. 얼마 전까지 내분비기관으로 알려져 있지 않던 위에서 배고픔을 느끼는 호르몬인 그렐린을 분비하고, 지방세포에서 식욕을 억제하고 에너지 생산을 증가시키는 호르몬인 렙틴을 분비하는 사실이 알려지기도 했다. 이처럼 한 장기가 내분비 기능을 포함한 두 가지 이상의 기능을 하고, 이미 기능이 잘 알려진 장기가 호르몬을 만들어 낼 수 있다는 사실이 새로 알려지기도 한다.

호르몬이 하는 일을 한마디로 이야기하면 항상성을 유지하는 것이다. 음식을 먹으면 이를 소화시키기 위해 샘창자에서는 세크레틴을 분비해 췌장에서 여러 종류의 소화효소가 분비되도록 하고, 췌장에서 분비되는 인슐린은 소화 뒤 흡수되어 피로 들어온 탄수화물을 알맞은 자리에 저장함으로써 혈당을 조절한다. 이처럼 다양한 호르몬이 필요한 시기에 합성되어 사람의 몸이 잘 유지되도록한 뒤 생산이 멈춰지곤 한다.

호르몬은 종류와 기능이 다양하고, 눈에 잘 띄는 기능이 많아서 생산량이 많아지거나 줄면 곧바로 특징적인 증상이 나타나는 경우가 많다. 그러므로 호르몬은 필요한 때 알맞게 만들어지고 기능할 수 있도록 조절되어야 한다. 사람은 되먹임제어, 즉 호르몬이 너무 많이 만들어지면 호르몬이 직접 장기에 신호를 줘 생산량을 줄이는 기전을 작동시킨다. 그러나 때로 이 조절 기전을 벗어나서 호르몬 분비 과다 또는 감소 현상이 나타나 병이 생기는 경우가 있다. 앞서 소개한 성장호르몬 과다에 따른 거인증이나 말단비대증, 인슐린 기능 이상에 따른 당뇨, 눈이 약간 밖으로 나온 것처럼 보이는 갑상선기능항진증, 항이뇨호르몬 생산 감소로 소변을 자주 보게 되는 요붕증 등이 해당한다.

축구공을
세게 차려면

✖

체력과 도핑

오늘 방과 후에는 옆 반과 축구 경기를 하기로 했다.
지난번의 뼈아픈 패배를 기억하며 비장하게 각오를
다졌다. 무엇보다 오늘 시합에서 중요한 것은 체력에
따른 전략이다. 단순히 공만 쫓아 죽기 살기로 뛸 게
아니라는 걸 지난 시합에서 깨달았다.
일단 오늘을 위해 모두 평소 근력운동을 열심히 하기로
했으니 그건 준비되었다. 경기가 시작되면 지구력이 좋은
친구들이 수비를 맡을 것이다. 후반전 20분이 지나면
한 번도 안 뛴 친구로 선수 교체, 총공격 태세로 전환!
빠르게 달려와 태클을 시도하는 상대 선수를 피할
재빠른 순발력을 가진 전학생까지 이미 선수로 확보해
뒀다. 오늘의 승리는 우리 것이다!

에너지를 발휘하는 세 가지 힘

운동할 때 가장 중요한 체력힘은 어떤 요소일까? 체력은 생리학적 방어 작용인 방어 체력과 신체가 능동적으로 활동할 때 발휘되는 능력인 행동 체력으로 구분한다. 행동 체력에는 근력, 순발력, 지구력 등의 에너지적 요소와 평형성과 민첩성 등의 조정력이 있다. 흔히 체력검사를 한다고 할 때, 바로 행동 체력을 측정하는 것이다.

체력을 발휘하려면 에너지가 필요하다. 예를 들어 근육이 힘을 낼 때 필요한 에너지는 음식에 들어 있는 영양소, 즉 탄수화물이나 지질이 대사되는 과정에서 합성되는 ATPadenosine triphosphate, 아데닌 염기와 리보스가 붙어 있는 아데노신에 인산기 3개가 붙은 유기화합물로부터 얻을 수 있다. ATP는 아래 그림과 같은 구조를 가지고 있으며, 여기서 인이

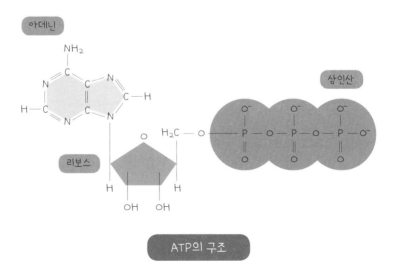

ATP의 구조

하나 떨어져 나가면 ADP adenosine diphosphate, 아데닌 염기와 리보스가 붙어 있는 아데노신에 인산기 2개가 붙은 유기화합물가 형성되는데 우리 몸은 이때 발생하는 에너지를 이용한다. 때문에 평소에 잘 먹는 사람은 에너지원으로 쓸 수 있는 영양소를 많이 가지고 있으므로 뛰어난 운동 능력을 지닌다.

이제 행동 체력의 에너지적 요소를 하나씩 짚어 보자. 먼저 근력은 근육이 수축하면서 생기는 힘을 가리킨다. 운동을 많이 한 사람은 근육이 발달되어 근육에 세포가 많고 뭉쳐 있으므로 만져 보면 아주 단단하다. 축구 선수의 다리가 단단한 것도 이런 이유다.

순발력은 순간적으로 강한 힘을 발휘해 달리고, 뛰고, 던지는 능력을 가리킨다. 근육이 순간적으로 수축해 힘을 내려면 근력과 반응속도가 중요하다. 축구에서도 공격수든 수비수든 공이 날아올 때 순간적으로 공에 다가가 처리하려면 순발력은 아주 중요할 수밖에 없다. 손흥민 선수가 경기장 반을 뛰면서 혼자 공을 몰고 들어가 득점하는 장면을 보면 알 수 있다. 달려 나오는 선수를 제치고 계속 달려가 골을 넣으려면 그저 빨리 달리는 게 아니라 순간적으로 속도를 조절하는 순발력이 탁월해야 한다.

지구력은 일정한 작업을 오래 계속할 수 있는 능력을 가리킨다. 특히 마라톤 경기에 출전하는 선수에게 필요한 게 바로 지구력이다. 노르딕 스키를 이용한 크로스컨트리나 50킬로미터 경보 등 오랜 시간이 걸리는 운동에도 지구력이 중요하다. 축구 국가 대항전이 전후반 45분인 것과 달리 중학생 경기는 전후반 35분으로 치러지는 것도 중학생의 지구력이 그 정도여서다. 실제로 시합을 해보면 평소 훈련을 제대로 받지 않은 중학생의 경우는 전반전 35분만 뛰고 나면 힘이 거의 빠져서 후반전에는 뛰지 못해 공격수와 수비수가 골대 근처에 서 있고, 경기장의 가운데는 비워 두는 일이 흔하다. 지구력이 부족해서 생기는 일이다.

때문에 축구팀의 감독이나 코치는 선수의 상태를 분석해 경기 전략을 짠다. 대개 지구력이 아주 좋은 선수는 중앙에 배치해 전후반 내내 끊임없이 경기장을 누비며 돌아다니도록 하고, 지구력이 부족한 공격수는 수비 가담을 줄이거나 짧은 시간에 집중적으로 뛰게 한 다음 교체하는 작전을 쓰곤 한다.

이처럼 축구 경기에서 이기기 위해서는 세 가지 체력 중 어떤 힘이 좋은 선수를 어디에 배치할지, 또 경기 시간 중 어느 때에 공격력을 집중하고 수비를 늘릴지 잘 설정해야 한다. 치밀한 작전을 세울 틈 없이 갑자기 시작된 축구 시합이라면 지구력이 좋은 선수 한두 명에게 수비를 맡겨서 처음에는 아군 골대 근처로 가지 않게 하다가 후반전에 상대편이 지칠 때쯤 공격에 가담시키는 것도 좋은 작전이 될 것이다.

약물로 지구력을 키우겠다고?

무슨 운동을 하든 지치기 시작하면 버티기가 아주 힘들어진다. 마라톤 경기를 보면 잘 달리던 선수가 경기 막판에 지쳐서 뒤로 처지는 경우가 흔하고, 축구 경기에서 시작부터 계속 공 점유율이 높던 팀이 후반 막판에 지구력이 떨어져 상대편에게 일방적으로 몰리는 모습도 드물지 않다. 응원하는 입장에서도 아쉬움이 큰데, 직접 뛰는 선수는 오죽 안타까울까. 이럴 때 지구력을 키울 수 있는 방법이 있다면 뭐든 시도해 보고 싶다는 생각을 할 수 있을 것이다.

유명한 마라톤 대회 중계를 보면, 맨 앞에서 달리는 고지대 출신의 아프리카 선수를 쉽게 볼 수 있다. 왜 고지대에서 태어나 살아온 아프리카 선수는 마라톤에 강할까? 가장 큰 이유는 탁월한 산소 공급 능력에 있다.

지면에서 높은 곳으로 올라가면 공기의 밀도가 낮아져 낮은 곳에 있을 때보다 숨쉬기가 곤란하다. 그래서 높은 산을 오르는 등산 대원은 산소 부족을 해결하기 위해 산소 공급 장치를 준비한다. 고지대에서 사는 사람은 부족한 산소 공급을 해결하기 위해, 저지대에 사는 사람보다 적혈구를 더 많이 가지고 있다. 그러므로 낮은 지대로 내려와 마라톤을 하면 저지대 출신보다 산소 공급이 쉬워서 경기를 훨씬 쉽게 치른다.

매년 7월 프랑스에서 열리는 사이클 경기 뚜르 드 프랑스Tour de France에 참여한 선수는 3주 이상 약 4,000킬로미터를 달린다. 매일 저녁 뉴스에서 오늘 우승자는 누구고, 그날까지 통합 우승자는 누구인지 상세히 알릴 만큼 유럽에서 아주 인기 있는 경기다.

그런데 1998년 대회에서 여러 선수가 금지 약물을 쓴 게 밝혀졌다. 이들이 사용한 금지 약물은 적혈구 생성을 돕는 단백질로, 콩팥에서 만들어지는 적혈구생성소였다. 지구력이 필요한 운동을 할 때 산소와 에너지 공급이 충분하면 지치는 걸 막을 수 있는데, 적혈구는 산소 운반 기능을 하므로 적혈구가 많으면 산소 운반 능력이 좋아진다. 결과적으로 피로를 덜 느끼게 하려고 이 단백질을 사용하는 것이며 실제로 효과도 꽤 좋다고 알려져 있다.

이전에도 여러 경기에서 선수들이 이 약물을 사용한 것이 알려지면서 권위 있는 경기에서는 사용을 금지했는데, 1998년 뚜르 드 프랑스에서 여러 선수가 이를 썼다가 들통난 것이다. 공정한 경기를 위해 금지 약물을 지정해 놓았는데도 몰래 쓰는 선수들이 계속 나오니 경기 단체들은 1999년에 세계반도핑기구를 세웠다. 이때부터 중요한 대회가 있으면 세계반도핑기구에서 경기에 참가한 선수의 소변을 시료로 채취해 금지 약물을 복용했는지 검사하게 되었다. 그 뒤로도 약물 사용 논란은 끊이지 않았다. 지금까지 수많은 약물의 사용이 금지되었고, 금지 약물의 수는 계속 늘고 있다.

이런 금지 약물을 쓸 때 사람 몸에 생기는 부작용도 큰 문제다. 아나볼릭 스테로이드anabolic steroid처럼 근육을 강화하는 약물은 육상 선수가 기록을 높이려고 사용할 뿐 아니라 보디빌더도 몸을 만들기 위해 쓴다. 이 약은 근육의 힘을 확실히 키우지만 뼈의 성장판이 일찍 닫히게 한다. 또 나쁜 콜레스테롤인 저밀도 지단백질LDL, low density lipoprotein을 증가시키는 반면 좋은 콜레스테롤인 고밀도 지단백질HDL, high density lipoprotein은 줄어들게 해 심근경색을 비롯한 심혈관 질환 발생 가능성을 높인다. 뿐만 아니라 간 기능을 떨어뜨리고 간종양 발생 가능성을 높이며 여드름이 나게 하고 감염을 일으키기도 한다. 때로는 생명을 잃을 수도 있다.

자신의 몸을 이용한
페텐코퍼와 마셜

콜레라는 비브리오 콜레라라는 세균에 감염되어 일어나는 전염성 질환의 하나다. 콜레라는 19세기에 인류를 줄기차게 공격해 막대한 피해를 입혔지만 결과적으로 인류가 공중보건의 중요성을 깨닫는 데 크게 공헌했다.

19세기 초 인도에서 시작된 콜레라는 대륙을 넘어 유럽으로 쳐들어갔다. 전 유럽의 학자가 이를 해결하기 위해 뛰어들었다. 클로로폼을 빅토리아 여왕의 무통분만에 이용해 찬사를 받은 영국의 존 스노도 그중 한 명이었다. 그는 콜레라의 전파속도가 사람의 이동속도보다 느리다는 점에 실마리를 잡고 콜레라가 신이 내린 벌이 아니라 전염병이라고 생각했다.

1853년 런던에서 콜레라가 유행하자 스노는 환자 분포와 런던의 상수도 공급 회사의 관계를 조사해 특정 상수도 회사의 물을 공급받는 가정에서만 환자가 발생한다는 사실을 밝혔다. 그리고 물속의 뭔가가 콜레라를 일으킨다는 생각을 갖고 콜레라 해결을 위해 노력했다. 그는 합리적 방식의 감염원 개념을 공중보건에 심었고 '공중보건학의 아버지'라는 별명과 함께 역사에 남았다.

그러나 콜레라 전파에 상수도가 중요하다는 스노의 주장도 런던에서 콜레라 문제를 해결하지는 못했다. 런던에서 콜레라 환자가 줄어든 이유는 그의 공이 아니라 독일의 막스 폰 페텐코퍼 덕분이었다. 당시 바이에른에서 위생학 교수로 명성을 떨치고 있던 페텐코퍼는 자신만의 콜레라 발생 이론을 세웠다. 지표수의 수위가 갑자기 올라가면 토양의 수분 성분이 많아졌다가 건조기에 수위가 떨어지면 수분 성분이 줄면서 습한 토양층이 생긴다. 이 습한 토양층을 통해 오염된 공기미아즈마가 전염되면서 콜레라가 발생한다는 이론이었다.

페텐코퍼는 음료수와 지표수가 분리되도록 안전한 상수도 공급 체계를 개발해 뮌헨 시민을 콜레라에서 해방시켰다. 이를 본 영국에서도 상수도 체계를 개선해 콜레라를 해결할 수 있었다. 그러나 페텐코퍼의 이론은 근본적인 개념이 잘못되었다는 이유로, 세월이 흐른 지금 콜레라를 해결한 공적은 스노의 몫으로 돌아가고 말았다.

19세기 중반 이후 루이 파스퇴르가 미생물이 전염병의 원인이라는 것을 증명했으나 페텐코퍼는 지표면의 수위와 미아즈마 때문에 전염병이 일어난다는 이론을 굽히지 않았다. 그러던 중 1883년 독일에서 이집트로 파견된 로버트 코흐의 연구팀이 콜레라의 원인균을 발견했다. '세균학의 아버지'라 불리는 코흐는 여러 질병의 원인균을 발견했을 뿐 아니라 특정 병원균이 특정 질병을 일으킨다는 4원칙을 발표하기도 한 사람이다.

페텐코퍼는 코흐가 발견한 콜레라균이 콜레라의 원인이 아니라는 점을 증명하려고 자신을 실험에 이용했다. 함부르크에 콜레라가 유행하던 1895년, 그는 콜레라균이 포함된 용액을 들이켰다. 그런데 의외로 아무 일도 생기지 않았다. 긴장된 상황이라 그의 체내에서 위산 분비가 많아져 콜레라균이 사망했을 거라는 추측만 가능할 뿐 오늘날 진리로 받아들여지는 코흐의 4원칙에 정면으로 어긋나는 일이 일어난 이유는 지금도 정확히 설명할 방법이 없다. 이 일이 있고 페텐코퍼는 자신의 이론을 더욱 소리 높여 주장했다. 하지만 계속된 실험에서 콜레라균이 든 음료수를 마신 그의 제자가 콜레라에 걸리자 코흐가 발견한 비브리오 콜레라균이 콜레라의 원인임을 인정하지 않을 수 없었다.

페텐코퍼가 스스로 콜레라균을 들이마시는 실험을 한 뒤 약 1세기가 지나고, 오스트레일리아의 배리 마셜은 1981년에 로열퍼스병원에서 소화기내과 분과 전문의 과정을 밟으면서 위염을 연구하던 로빈 워런을 만났다. 세균이 위궤양의 원인이 될 것이라는 워런의 가설에 흥미를 가진 그는 위 내시경 검사로 얻은 시료를 이용해 궤양의 원인이 되는 세균을 배양했다. 그때까지 알려지지 않은 세균을 발견해 헬리코박터 파일로리 Helicobacter pylori라는 이름을 붙인 뒤 이 세균이 위에서 염증과 궤양을 일으키는 원인이라고 발표했다. 그러나 헬리코박터 파일로리는 콜레라균을 죽일 수 있는 강산성의 위 안에서는 살아남지 못할 것이라는 의견이 지배적이었다.

오늘날의 연구 윤리에 따르면 자기 몸을 이용해 연구하는 것은 비판받을 일이지만, 연구 결과에 확신을 가진 마셜은 실험동물을 이용한 연구에서 원하는 결과를 얻지 못하자 페텐코퍼를 비롯한 선배들이 그랬던 것처럼 배양한 균을 직접 마셨다. 그러자 위액에서 염산 분비가 감소하고 위염이 생겼다. 또 위가 더부룩하고 오심, 구토의 증상을 나타냈으며 입에서는 악취가 났다. 이어서 마셜은 비스무스와 메트로니다졸을 투여해 치료법까지 발견했다. 이로써 헬리코박터균 때문에 생기는 궤양을 해결할 수 있게 되었고 워런과 함께 2005년 노벨 생리의학상을 받았다.

5. 피곤한 저녁

피, 땀 그리고 눈물

한바탕 축구를 한 뒤, 찬물로 얼굴을 씻어 내고
세면대의 수도꼭지를 잠그려던 참에 친구가
말했다. "괜찮아? 너 무릎에서 피 나. 양말까지
피가 묻었네!" 헉. 오늘의 승리가 피로 이룬
승리였다니.

눈물은 흘러도
피는 멈춰야 한다

✖

피의 기능과 지혈

피는 온몸을 돌아다닌다. 몸에 상처가 나 피가 밖으로
흐를 때, 상처가 크지 않으면 그냥 뒤도 피가 곧
멈추지만 상처가 크면 아물기 전에 피가 많이 빠져나올
테니 인위적으로라도 멈춰야 한다. 피가 몸 밖으로
계속해서 흐르면, 이론적으로는 우리 몸의 모든 피가
밖으로 빠져나갈 수도 있다. 따라서 사고가 났을 때는
출혈부터 막아야 한다. 상처 부위를 얼른 닫지 않으면
피는 계속 흘러나온다.

새들도 피가 나면 작은 나뭇조각을 상처 부위에 대서
지혈을 시도한다. 상처에 피가 흐를 때 그 자리를 막는
것은 본능이라 할 수 있다.

피는 멈추기 위해 흘러나온다

피가 담당하는 가장 중요한 일은 인체 곳곳에 산소와 영양소를 비롯한 여러 가지 물질을 옮기는 것이니 혈관 속에서 피가 굳으면 생명이 위험해진다.

그러나 피가 몸 밖으로 나오면 이야기가 달라진다. 피는 몸 밖으로 나오면 응고되어 더 이상 출혈이 일어나지 않도록 출혈 부위를 막는 응고 기전이 발달해 있다. 그러므로 헌혈을 하거나 인위적으로 피를 몸 밖으로 빼낼 때는 피가 굳지 않도록 조치해야 한다. 심장이 제 기능을 하지 못해 인공심장을 이식받은 환자도 피가 비정상적으로 굳는 일이 쉽게 일어날 수 있으므로 혈액응고 방지제를 투여해 만일의 사고를 대비해야 한다. 모든 생명현상이 그러하듯 혈액이 응고되는 과정도 적재적소에서 일어나는 것이 생명 유지의 필요조건이다.

생명과학 책에서 혈액응고와 관련한 내용을 찾아보면 프로트롬빈prothrombin, 트롬빈thrombin, 피브리노젠fibrinogen, 섬유소원 등 낯선 용어를 만나게 된다. 혈액응고의 3단계 중 마지막 단계인 응고 단계는 이들을 포함해 열 가지가 넘는 인자가 관여하는 복잡한 과정으로 이뤄진다.

응고 단계를 간단히 설명하면 핏속에 들어 온몸을 순환하는 피브리노젠이 피브린fibrin, 섬유소으로 변하는 과정이다. 피브리노젠은 물에 녹지만 피브린으로 바뀌면 물에 녹지 않으므로 피가 흘러나오는 부위를 막아 피가 굳는 것이다.

혈액응고 기전은 아주 복잡하고, 여러 인자 가운데 하나라도 문제가 있으면 몸 밖으로 나온 피가 응고되지 않고 계속 흘러나온다. 이를 혈우병이라 한다. 반대로 혈액응고가 지나치게 일어나는 질병도 있다. 바로 혈전이다. 피는 계속해서 온몸을 흘러 다녀야 하므로 핏속에 어떠한 덩어리도 존재하지 않는 게 가장 바람직하다. 그런데 핏속에 덩어리가 생겼을 때 이를 용해해야 할 기능이 제대로 발휘되지 않으면 혈전이 생긴다.

일반적으로 혈소판이 혈관벽에 달라붙으면서 핏속에 녹지 않는 혈전이 만들어진다. 혈전의 전부 또는 일부가 사람의 몸에 존재하는 혈관 어딘가를 막을 때, 이렇게 막은 물질을 색전이라 한다. 이런 경우에는 속히 혈액응고 방지제를 공급해 줘야 한다.

핏속에 지질이 너무 많으면 피에 녹지 않고 혈관벽에 달라붙어 혈관이 좁아진다. 그런데 우연히 핏속에 녹지 않고 침전되어 있는 덩어리가 이런 혈관을 막으면 피의 흐름이 막혀 고유한 기능을 못하게 된다. 특히 잠잘 때, 좁아진 혈관을 침전물이 막으면 목숨을 잃을 수도 있다. 그러므로 혈전이 생기지 않도록 몸을 잘 관리해야 하고, 좁아진 혈관이 있다면 혈관을 넓히는 시술을 받아 놓는 게 좋다.

피의 다양한 기능

사람의 몸을 구성하는 요소에는 어느 하나 덜 중요한 게 없지만, 피는 특히 중요하다. 온몸에 산소를 공급하기 때문이다. 산소를 공급하는 피가 생명 유지에 중요하다는 것은 하나의 예로도 충분히 짐작할 수 있다.

교통사고가 일어나 생명이 위태로운 상황을 생각해 보자. 사고를 당한 사람은 응급처치를 받아야 한다. 이때 가장 중요한 것은 가슴압박을 하는 것이다. 왜 가슴압박을 해야 할까?

숨을 쉴 때 들어온 산소는 핏속에 포함된 적혈구에 의해 운반된다. 그러나 피가 몸을 잘 돌아다니지 못하면 세포나 조직에 산소를 공급할 수 없다. 응급 상황에서는 산소가 몸의 세포로 전달되는 것이 중요하므로 가슴을 압박해 심장에서 빨리 피를 온몸으로 보낼 수 있도록 하는 것이다.

피가 물보다 진한 이유는 피에만 들어 있는 성분의 밀도가 평균적으로 물보다 높아서다. 핏속 물질은 크게 세포와 세포가 아닌 것으로 구분할 수 있다. 피에 들어 있는 세포를 통틀어 혈구라 한다. 적혈구, 백혈구, 혈소판이 혈구에 해당된다. 이 세 가지 세포 각각의 대표적인 기능은 산소 운반, 식균작용, 혈액응고다. 피의 기능이 세포로만 나타나는 것은 아니며, 이들 세포가 없어도 영양소 운반, 체온과 삼투압 조절 등의 기능에는 아무 문제가 없다. 피에는 이 세 가지 세포 외에도 다른 기능을 할 수 있는 여러 단백질이 녹아 있기 때문이다.

피에서 세포 성분을 제외한 나머지를 혈장이라 한다. 노란색을 띠는 혈장에는 다양한 기능을 하는 수많은 물질이 녹아 있고, 이 성분과 세 혈구가 하는 일이 바로 피의 기능이 된다. 피에서 혈장은 약 55퍼센트를 차지하며, 피에 녹아 있는 성분 중 피의 중요한 기능을 담당하는 성분은 대부분 단백질이다.

피는 온몸을 돌아다니다 보니 특정 부위에서 요구하는 특정 물질을 옮겨다 주는 기능이 아주 발달해 있다. 세포와 조직에 산소를 운반하는 것은 물론이고 작은창자벽을 통해 들어온 영양소도 적당한 곳으로 옮겨 저장한다. 인체의 내분비샘에서 분비된 호르몬도 혈액으로 들어가야 기능을 하며, 피로 들어온 노폐물은 콩팥의 혈관에 이르러야 걸러져서 소변으로 내보낼 수 있다.

이처럼 다양한 물질을 옮기기 위해 피는 여러 기능을 발전시켰다. 산소는 적혈구 안에 존재하는 헤모글로빈의 중심부와 결합해 옮겨지고 철과 구리, 레티놀은 이들 각각의 물질과 결합하는 운반 단백질이 핏속에 따로 존재한다. 핏속에 녹여서 옮기는 것보다 단백질과 결합해 옮기는 편이 효율적이기에 피는 여러 가지 운반 단백질을 포함하고 있는 것이다.

피의 또 다른 중요한 기능은 체온조절이다. 사람의 몸에서 체온조절기구의 최고기관인 체온조절중추는 뇌의 시상하부에 있다. 추울 때 운동을 하면 근육의 수축작용으로 열이 나서 추위를 이겨

내기 쉬워진다. 이때 생긴 열은 혈액에 흡수되어 몸에서 열을 필요로 하는 조직으로 다시 분배된다.

체온이 낮아질 때 소름이 돋는 것도 피부 표면으로 나가는 열을 가장 적게 하려고 혈관이 수축해 일어나는 현상이며, 혈액은 뇌를 비롯해 온도에 민감한 기관에 먼저 흘러간다. 반대로 체온이 높아지면 피부 표면 쪽으로 혈액이 몰리면서 열을 내보내 체온을 떨어뜨린다.

변온동물은 그때그때 체온을 변화시키며 생명을 지킬 수 있지만, 사람은 온도가 일정한 정온동물이므로 체온이 유지되도록 조절을 잘해야 한다.

운동을 안 해도
땀이 흐르네

✖

매운맛과 땀

매운 고춧가루를 팍팍 넣은 불닭볶음!

스트레스 받을 때는 이만한 음식이 없다.

묘한 중독성까지 있어서 한 입 먹고 나면 자동으로

숟가락을 들어 한 입 더 먹고 있다.

다만 먹다 보면 땀이 너무 나서 불편할 따름이다.

눈물, 콧물까지 쏙 빠질 때도 있다. 게다가 다 먹은 뒤에

입술도 붓고, 얼얼한 고통이 쉽사리 사라지지 않는다.

물론 이때도 해결 방법이 없는 것은 아니다. 매운 음식을

먹은 뒤 캡사이신capsicin이 입속을 자극할 때는 우유를

마시면 된다. 캡사이신은 물에 녹지 않으나 지질에는

잘 녹으므로 우유에 들어 있는 지방이 캡사이신을 씻어

낼 것이다.

불닭볶음만 먹으면 땀이 흐르는 이유

혀는 부피에 비해 근육이 많다. 혀에 분포하는 근육은 혀 속에 든 내인근과 목구멍 쪽으로 연결된 외인근으로 나뉜다. 외인근은 혀를 쭉 내뻗었을 때 눈으로 볼 수 있다.

근육의 수가 많고 기능이 다양한 혀 근육은 입에 들어온 음식물을 압박하거나 마찰하고 비틀 수 있다. 물론 혀의 가장 대표적인 기능은 맛을 보는 것이다. "여기가 치즈떡볶이 맛집이네!"라는 말은 단지 치즈떡볶이의 순수한 맛만을 평가한 게 아니다. 음식의 온도가 적절하고 혀에 닿는 느낌이 좋은지도 함께 평가한 것이다. 즉 혀는 맛을 보는 동시에 온도와 촉각을 느낀다. 그리고 이를 반영해 음식을 종합적으로 감지한다.

오래전부터 단맛, 짠맛, 신맛, 쓴맛 등 네 가지 맛이 알려져 있었다. 그러다 20세기 초에 감칠맛이 발견되어 현재는 맛을 다섯 가지로 구분한다. 맛을 느끼는 미각 수용기는 맛봉오리라는 특수한 상피세포의 집단으로 구성되어 있으며, 혀에만 있는 게 아니라 목구멍 안쪽에 위치한 인두와 후두 표면에도 있다. 흔히 혀가 맛을 보는 것은 잘 알지만 인두와 후두에서 맛보는 건 잘 모르는 이유는 무엇일까? 사람이 성장하는 과정에서 인두와 후두의 미각 수용기가 점점 줄어들어 성인이 되면 기능을 거의 못 하기 때문이다.

매운맛과 떫은맛은 맛봉오리로 느껴서 신경을 통해 뇌로 전달되는 게 아니다. 입속의 점막 등을 포함해 입안 전체의 자극으로 뇌에 전달된다. 즉 매운맛은 '맛'이 아니라 혀가 느끼는 '고통'이다. 혀에 고통을 주는 대표적인 물질이 캡사이신이다. 고추의 매운맛은 고추에 들어 있는 캡사이신이 혀에 통증을 주는 것인데, 이를 맵다고 느낄 뿐이다. 매운맛은 식욕을 돋우고 안 좋은 냄새를 없애는 데 효과적이다.

매운맛은 사람이 느낄 수 있는 가장 자극적인 맛이다. 눈물, 콧물, 땀을 쏙 뺄 정도로 고통을 견뎌야 즐길 수 있는 맛이지만 중독성이 있어서 계속 맛보고 싶다고 생각하게 한다. 단맛, 짠맛, 쓴맛은 맛을 볼수록 자극이 무뎌지지만 매운맛은 혀의 촉각으로도 느낄 수 있어서 질리지 않는다.

캡사이신은 신진대사를 활발하게 하고 지방을 태우면서 열을 일으키는데, 갈색지방세포를 활성화해 지방세포를 분해한다. 매운 음

> 갈색지방세포: 지방세포의 하나로 백색지방세포와 다르게 황갈색 또는 적갈색을 띠고 있다. 골격근이 수축하지 않은 상태에서 열 생산에 중요한 역할을 한다.

식을 먹을수록 땀을 흘리는 것은 바로 이 때문이다. 음식을 먹다 땀이 솟기 시작하면 먹기를 멈추고 한참 지나야 땀이 마르는 걸 경험할 수 있다.

또 캡사이신은 교감신경을 자극해 아드레날린과 엔도르핀 분비를 촉진시키므로 중독성이 있다. 매운맛을 통증으로 인식한 뇌가 이를 희석해 해결하기 위해 눈물과 콧물을 분비할 뿐 아니라 엔도르핀을 분비해 통증에 대한 자극을 덜 느끼게 하는 것이다.

여기서 엔도르핀에 대해 좀 더 알아보자. 벌써 엔도르핀과 모르핀의 이름이 비슷하다는 것을 눈치 챈 사람도 있을 것이다. 아편의 주성분인 모르핀은 중추신경계에서 통증 자극을 전달하는 신경전달물질의 분비를 억제해 진통효과를 일으킨다. 중독성이 강해 마약으로 구분되어 있다. 사람의 뇌에는 모르핀보다 백 배쯤 강력한 기능을 하는 내인성 모르핀endogenous morphine이 존재하고 있는데, 줄여서 엔도르핀endorphine이라 부른다. 출산 때나 뜨거운 불에 닿았을 때처럼 고통이 심할 때는 엔도르핀 분비가 증가해 고통을 덜어준다. 운동을 하면 할수록 기분이 좋아지는 것도 엔도르핀 분비가 늘어서다.

땀, 흘리는 건 중요하지만 지나치면 괴롭다

땀은 땀샘에서 분비되는 액체로, 가장 중요한 기능은 체온조절이다. 더운 데 있거나 운동을 하면 체온이 올라 시상하부에서 이를 감지해 땀샘의 분비 기능을 자극한다. 표피 아래에 있는 혈관이 넓어져 피가 많이 흐르면 피부가 붉어지는 것을 관찰할 수 있다. 피부 표면이 더워지면서 땀이 몸 밖으로 나오면 공기 중으로 증발하며 기화열액체가 기체가 될 때 외부에서 흡수하는 열을 앗아가 체온을 떨어뜨린다. 이 외에 피부 표면에서 노폐물과 미생물을 씻어 내는 기능도 한다.

땀샘에는 부분분비땀샘아포크린샘과 샘분비땀샘메로크린샘이 있다.

일반적으로 땀은 샘분비땀샘에서 나오는 것을 가리킨다. 부분분비땀샘은 겨드랑이, 젖꼭지 주위, 샅에 있는 모낭에서 땀을 분비하는데, 부분분비라는 이름이 붙은 이유는 초기에 이 분비샘이 부분분비방식으로 땀을 내보낸다고 여겨졌기 때문이다. 지금은 샘분비방식이라는 것이 알려졌지만 예전의 이름을 그대로 사용하고 있다.

사춘기가 되면 이 분비샘에서 특유의 냄새를 지닌 탁하고 끈적한 액체를 분비하기 시작한다. 세균이 이 땀을 영양소로 써서 분해하면 독특한 냄새가 더 강해진다. 이게 바로 사춘기에 냄새가 잘 나는 원인이다. 냄새를 없애는 약으로 냄새를 줄일 수 있고, 땀이 나는 것을 억제하는 약을 쓰면 부분분비땀샘과 샘분비땀샘의 땀 분비를 모두 줄일 수 있다.

땀은 물이 99퍼센트 이상이고 나트륨소듐, 염소, 칼륨포타슘, 질소, 젖산, 요소 등이 아주 조금씩 들어 있다. 땀이 짠맛을 내는 것은 나트륨이 포함되어 있어서다.

성인은 땀샘이 대개 200만 개에서 500만 개가량 있는데 발바닥에 가장 많고 등에 가장 적다. 즉 땀을 가장 많이 흘리는 곳은 발바닥이며, 그래서 신발에 냄새가 나기 쉽다.

마라톤처럼 오랜 시간 땀 흘리는 운동을 할 경우에는 땀이 1시간에 4리터까지 빠져나갈 수 있다. 그러면 갈증을 느끼게 되므로 마라톤 선수는 경기 중에 물을 마시는 것이 허용된다. 이때 맹물 말고 무기염류가 포함된 물을 마시는 것이 몸 내부의 균형을 유지하기에 더 유리하다. 땀이 날 때 무기염류도 몸 밖으로 나가기 때문이다.

정상이라 할 수 없을 만큼 땀이 많이 흐르면 어떻게 될까? 계속해서 땀을 닦고 물과 무기염류를 보충해야 한다. 손바닥, 발바닥, 겨드랑이, 팔다리의 접히는 부분, 이마와 코끝 등에서 땀이 줄줄 흐른다면 정말 불편할 것이다. 이처럼 필요보다 더 많은 땀을 흘리는 것을 다한증이라 한다.

어린 시절에 특별한 문제가 없는데 생긴 다한증이라면, 사춘기가 되면 심해졌다가 나이가 들면 나아지곤 한다. 다한증은 열이나 감정 변화에 민감하고 교감신경계에 의해 조절된다. 다행히 밤에는 땀이 나지 않는다. 한편 결핵, 갑상선항진증, 당뇨가 있을 때도 다한증이 생길 수 있다. 이런 경우라면 원인이 되는 병을 치료해야 땀을 해결할 수 있다.

겨드랑이에서 나쁜 냄새가 나는 액취증도 땀 분비 이상 때문에 발생하는 질병이다. 사람마다 분비물의 성분이 다르므로 악취의 종류도 다를 수 있으며, 땀을 빨리 씻어 내지 않고 옷이나 털에 묻으면 냄새가 쌓여 점점 강해진다. 또 세균이 감염증을 일으킬 정도로 증식하면 고름이 생길 수 있고, 세균이 아니라 진균곰팡이이 증식하는 경우도 있다. 액취증은 주로 사춘기 이후에 발생하며, 아기가 액취증이 있다면 유전성 질환을 가지고 있는지 조사할 필요가 있다.

액취증 치료에서 가장 중요한 일은 청결을 유지하는 것이고, 감

염이 있으면 이를 치료하는 것이다. 겨드랑이의 털을 없애는 것도
좋은 방법이다. 보통은 호르몬 분비가 왕성한 청소년기에 흔히 발
생하고 시간이 지나면 다행히 나아지지만, 아주 심하다면 피부과
전문의와 상의해 치료법을 선택해야 한다.

✖

수줍은
실험

여름에 슬리퍼를 신을 때와 운동화를 신을 때, 어느 경우에 발에서
고약한 냄새가 많이 나는지 실험해 보자.
대개 슬리퍼보다 운동화에 땀이 잘 스며들기 때문에 운동화를 신었
을 때 냄새가 더 많이 난다. 물론 슬리퍼도 땀이 흘러나와 묻는 것은
마찬가지다. 땀 자체로는 냄새가 심하지 않지만 흐른 땀을 빨리 씻지
않으면 세균이 자라 냄새가 진동하게 된다.

우리 가족이
붕어빵인 이유

✖

유전과 질병

유전은 부모가 가진 성질이 자녀에게 전해지는
현상이다. 요즘도 동화에는 세 자매 중 막내가 왕비가
되자 이를 시기한 언니들이 왕비가 낳은 아기를 두고
임금에게 "왕비님께서 고양이 새끼를 낳았습니다"
또는 "왕비님께서 나무토막을 낳았습니다"라고 했다는
이야기가 나오지만 우리는 이게 동화 속에나 나오는
일이라는 것을 알고 있다. 유전 때문에 그런 일이 실제로
벌어질 수 없음을 알기 때문이다.
그렇다면 나는 부모님으로부터 어떤 유전형질을
어떻게 물려받았을까? 내 몸은 유전법칙을 뛰어넘어
더 좋아지거나 나빠질 수도 있을까?

유전법칙의 발견

유전법칙을 발견한 그레고어 멘델은 오스트리아에서 농부의 아들로 태어나 신부가 되었다. 멘델이 공부한 수도회에서는 신학 외에도 폭넓은 공부를 했으므로 멘델도 여러 학문에 눈을 뜨게 되었다. 멘델은 1853년부터 1868년까지 자신이 근무한 가톨릭교회 정원에서 완두콩 교배 실험을 통해 대립형질을 비교하는 실험을 했다. 완두콩을 고른 것은 종류가 다양하고 교잡시키기 쉬웠기 때문이다. 멘델은 완두콩 34종을 재배해 기초지식을 쌓은 다음 22종을 선택해 실험했다. 이를 토대로 멘델은 세 가지 유전법칙, 즉 우열의 법칙과 분리의 법칙 그리고 독립의 법칙을 발견했다.

완두콩의 키를 예로 들어 이 법칙을 살펴보자. 키가 큰 완두콩과 키가 작은 완두콩을 분리하고 키가 큰 것은 큰 것끼리, 작은 것은 작은 것끼리 교배해 계속 키운다. 이렇게 키우다 보면 키가 큰 것끼리 교배를 했지만 키가 작은 게 나올 수도 있고, 키가 작은 것끼리 교배를 했지만 키가 큰 게 나올 수도 있는데 이런 것들을 골라서 버린 다음 몇 세대를 거치면 항상 키가 크게 자라는 종자와 항상 키가 작게 자라는 종자를 얻을 수 있다. 이렇게 얻은 키가 큰 형질의 완두콩과 키가 작은 형질의 완두콩을 서로 교배시키면 키가 중간인 완두콩이 나오는 것이 아니라 키가 큰 완두콩만 얻을 수 있다. 이게 바로 우열의 법칙이다. 우열의 법칙은 두 가지 종류의 형질을 교배시켰을 때 중간형이 나오지 않고 한 가지 형질만 나타나는

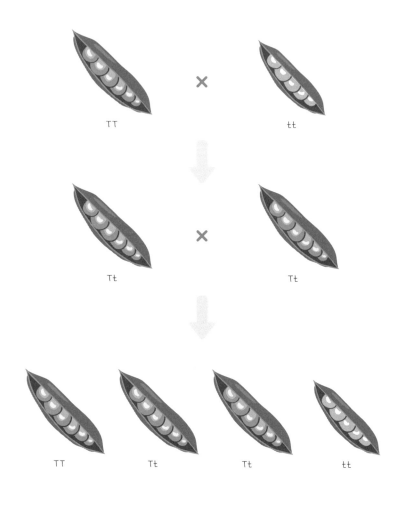

TT × tt

Tt × Tt

TT   Tt   Tt   tt

분리의 법칙

현상을 가리키며, 이때 겉으로 표현되는 형질을 우성이라 하고 표현되지 않는 형질을 열성이라 한다.

키가 큰 것을 TT라 하고 키가 작은 것을 tt라 하자. 그리고 이 두 가지를 교배시켜 얻을 수 있는 1세대는 Tt로 표시하자. 이 잡종의 형질은 키가 큰 성질T이 키가 작은 성질t보다 우세하므로 Tt는 키가 중간형이 아니라 크게 나타난다. 1세대Tt끼리 자가수분하면 이번에는 키가 큰 완두콩과 키가 작은 완두콩이 3대 1의 비로 나타난다. 이를 분리의 법칙이라 한다. 2세대가 3대 1로 나타나는 것은 1세대Tt의 형질이 반씩 결합해 2세대를 이루기 때문이다. 즉 Tt와 Tt를 교배하면 자손은 조상으로부터 유전형질을 반씩 받아 2대 2 조합으로 TT, Tt, Tt, tt가 출현한다. 이때 TT와 Tt는 키가 큰 형질이고 tt는 키가 작은 형질이므로 3대 1로 키 큰 완두콩과 키 작은 완두콩이 나타나는 현상이 바로 분리의 법칙이다.

키가 크고 작은 경우에만 위의 두 가지 법칙이 나타나는 것이 아니다. 모양이 둥근 완두콩과 주름진 완두콩, 색깔이 녹색인 완두콩과 노란색인 완두콩에서도 우열의 법칙과 분리의 법칙이 똑같이 나타난다. 이처럼 키나 모양, 색깔 등 서로 다른 형질에 상관관계 없이 독립적으로 우열의 법칙과 분리의 법칙이 나타나는 것을 독립의 법칙이라 한다.

멘델은 이와 같이 완두콩에서 대립되는 형질을 모두 일곱 가지나 발견했으며, 자신이 발견한 세 가지 법칙이 이 일곱 가지 대립형에 모두 적용된다는 것을 알아냈다. 멘델은 위에서 얻은 연구 결과를 1865년에 발표했지만 그의 연구에 관심을 기울이는 사람이 거의 없었고, 멘델의 연구 결과가 신뢰할 만한 것인지를 검증하는 사람도 없었다. 멘델이 세상을 떠난 지 16년이 흐른 1900년, 네덜란드의 식물학자 휘호 더프리스와 독일의 식물 유전학자 카를 에리히 코렌스, 오스트리아의 식물학자 에리히 체르마크 폰 세이세네크 등은 각각 독립적으로 유전에 일정한 법칙이 있다는 사실을 발견했다. 이 법칙이 멘델이 발표한 법칙과 같은 내용이라는 사실이 알려지면서 멘델은 '유전학의 아버지'라는 별명을 갖게 되었다.

유전 질환이 발생하는 원리

멘델이 유전법칙을 발견하고 2년이 지난 1867년, 스위스의 생물학자 프리드리히 미셰르는 세포의 핵 안에 산성을 띤 물질이 들어 있다는 것을 발견했다. 그리고 핵에 있는 산성 물질이라는 뜻에서 핵산이라 했다. 지금은 핵산이 DNA와 RNA라고 알려져 있다. DNA는 평소에 보이지 않지만 세포가 분열할 때 핵이 사라지고 실타래 모양의 덩어리가 나타날 때 확인할 수 있다. 이것이 바로 DNA 뭉치로 이뤄진 염색체다. '염색체'는 평소에 잘 보이지 않지만 세포가 분열할 때 염색을 하면 잘 보인다는 뜻으로 붙인 이름이다.

염색체에는 유전자라 부르는 특정 부위가 존재하며, 유전자는 염색체를 이루는 DNA 덩어리 중 단백질을 합성할 수 있는 정보를 지니고 있는 DNA 조각을 가리킨다. 유전체는 유전자의 '유전'과 염색체의 '체'를 합쳐서 만든 용어로, 한 개체가 가지고 있는 DNA의 총합을 가리킨다. 각 개체가 지니고 있는 세포는 무엇이든 동일한 유전체를 지니며, 생명체마다 유전체의 크기가 다르지만 사람은 뉴클레오티드nucleotide가 30억 개가량 모여 유전체를 이룬다.

멘델의 발견 이후 150여 년이 지난 지금, 세포의 핵 안에 들어 있는 유전자가 부모로부터 반씩 자녀에게 전해져 자녀의 형질이 결정된다는 사실이 알려져 있다.

아무 잘못이 없는데 태어나면서부터, 또는 자라면서 병이 생긴다면 무척이나 가슴 아픈 일이다. 하지만 부모로부터 유전형질을 이어받으면 이런 일이 생길 수 있다. 20세기 후반에 이룩한 생화학과 분자생물학의 발전은 특정 질병이 특정 유전자의 이상 때문에 발생한다는 사실을 알려 줬다. 헌팅턴 무도병, 페닐케톤뇨증, 혈우병 등 이미 많은 질병이 인체에 존재하는 특정 유전자 하나의 이상 때문에 발생한다는 사실이 알려져 있다.

사람의 몸에서 일어나는 기능은 대개 단백질 때문에 결정된다. 3대 영양소 중 탄수화물과 지질은 주로 에너지원으로 사용되고, 무기염류와 비타민은 단백질의 기능을 보조하는 게 주된 기능이다. 핵산 중 DNA는 유전정보를 가지고 있고, RNA는 핵 속의 DNA가 가지고 있는 유전정보를 받아서 세포질의 리보솜으로 전달한다. 리보솜은 RNA가 전한 유전정보를 받아서 그 내용을 토대로 특정 기능을 하는 단백질을 만들게 한다. 단백질은 어떤 기능을 하느냐에 따라 효소, 호르몬, 운반, 수선, 면역, 구조와 지지 단백질 등으로 구분할 수 있으며, 각 군에는 다양한 종류의 단백질이 있다. 따라서 유전자에 이상이 생기면 그 유전자가 제 기능을 못 하는 비정상적인 단백질을 만들어 사람의 몸에 질병이 생긴다.

태어나면서부터 병을 가지고 태어난 데다 이상이 생긴 유전자를 정상인 유전자로 바꿀 방법이 없으니 안타까운 일이다. 한 가지 희망이라면 이상이 생긴 유전자를 정상인 유전자로 바꿔 끼울 수 있는 유전자 치료법이 성공적인 연구 결과를 내는 것이다.

그런데 질병과 관련이 있는 유전자가 발견되었다 하더라도 그 유전자가 반드시 질병을 일으키지는 않는 경우도 많이 있다. 또한 암, 당뇨, 고혈압, 치매 등 만성질환은 관련이 있는 유전자가 발견되었다 하더라도 후천적 환경요인을 잘 조절함으로써 어느 정도는 예방이 가능하다.

> 만성질환: 질병을 경과 기간에 따라 두 달을 기준으로 그 이전에 생기는 병을 급성, 그 뒤에 생기는 병을 만성질환이라 한다. 급성질환은 보통 미생물 감염 때문에 생기고, 만성질환은 여러 원인으로 서서히 생기는 경우가 많다.

한편 유전자의 이상을 무조건 고쳐야 한다고 볼 수만도 없다. 둥글고 납작한 모양의 적혈구가 낫 모양으로 변하는 질병낫 모양 적혈구 빈혈증이 바로 그런 예다. 보통 모세혈관의 지름은 적혈구보다 많이 크지 않아서 큰 동맥으로부터 점점 작은 동맥으로 흘러간 적혈구가 말초에서 모세혈관을 통해 정맥으로 돌아 나오려면 모양을 유지해야 한다. 그런데 열대 지방에 가면 낫 모양 적혈구 빈혈증을 앓는 사람이 많다. 이들의 적혈구는 말초에서 돌아 나올 때 혈관벽에 부딪혀 깨지기 쉬워 수명이 짧다. 만들어 내는 속도는 일정한데 수명이 짧아지면 결과적으로 그 수가 부족해지므로 이러한 적혈구를 가진 사람은 산소 운반 능력이 떨어져서 빈혈이 나타난다. 심하면 산소 부족으로 사망할 수도 있지만 일반적으로는 빈혈 증상을 유지한 채 살아간다.

이런 환자가 열대 지방에만 있는 것은 왜일까? 인류가 환경에 적응하는 가운데 열대 지방에 널리 퍼진 말라리아에 감염되어 생명을 잃는 것보다는 빈혈 증상을 가진 채 생존하는 편이 이익이 되기 때문으로 풀이된다. 모기가 피를 빨 때 모기의 침을 통해 인체에 침입한 말라리아 유충은 적혈구에 기생해야 살아갈 수 있다. 말라리아에 감염된 사람은 죽음을 피하려면 비록 빈혈 증상이 일어나더라도 유충이 침입한 적혈구가 깨짐으로써 말라리아 유충의 성장을 막는 편이 도움이 되는 것이다. 낫 모양 적혈구가 발생하는 원인은 적혈구 내에서 산소와 결합해 운반 기능을 하는 헤모글로빈의 β-사슬을 이루는 6번째 아미노산 글루탐산이 변이에 의해 발린으로 치환되었기 때문이다. 이러한 변이가 비정상이라 하여 정상으로 바꿔 준다면 그 환자는 빈혈이 사라지는 대신 말라리아 감염으로 죽을지도 모른다.

아프니까
청소년이다

✖

생활습관병과 우울증

"의학의 발전과 함께 질병도 발전한다."

질병이 발전한다는 게 무슨 말일까?

자동차가 없던 시절에는 교통사고가 없었다. 물론
비행기가 없던 시절에는 비행기 추락 사고도 없었고,
원자력이 발견되기 전에는 원자력에 따른 질병이 없었다.
산업 현장의 각종 기계가 개발되면서 산업재해도
늘어났다. 더불어 화학물질 합성법이 발전할수록
약이 많이 개발되면서 사람에게 해로운 물질도 많이
만들어지고 있다. 이것이 바로 의학과 함께 질병도
발전한다는 뜻이다. 청소년과 어린이의 질병 또한
마찬가지로, 발전하고 있다.

성인병이 청소년과 어린이에게도 옮겨 가고 있다

비만, 고혈압, 당뇨, 고지혈증핏속에 지질이 비정상적으로 많아지는 현상, 대사증후군 등은 일상적인 활동량이 많고 먹을거리가 풍부하지 않았던

과거에는 별로 문제되지 않는 질병이었다. 그러나 20세기 중반 이후 먹을거리가 풍부해지고, 칼로리가 높은 패스트푸드 보급이 활발해지면서 이런 질병이 늘기 시작했다. 이 질병의 특징은 운동과 영양 등 생활 습관과 관련 있는 요소 때문에 생기며 성인에게 흔히 발생한다는 점이다. 그래서 이를 성인병이라 했다가 최근 들어 생활습관병으로 바꿔 부르고 있다.

그런데 최근에는 어린이와 청소년에게 비만을 비롯한 생활습관병이 크게 늘고 있어서 문제가 되고 있다. 소아 비만은 성인형 비만보다 해결하기 더 어렵다. 어려서부터 살이 많이 찌면 여러 건강위험인자에 노출되는 시간이 많아져서다. 게다가 청소년은 성인에 비해 자신의 건강을 관리하는 능력이 부족하다.

현재 우리나라에서는 청소년의 비만, 당뇨, 대사증후군 등이 빠르게 늘고 있으므로 일상생활에서 활동량을 키우는 게 중요하다. 매일 최소 40분 이상 운동하기, 가끔씩은 한두 시간에 걸쳐 운동하기, 한 번에 10분 이상 운동을 유지하고, 평소에는 중간 강도로 운동하되 때로는 고강도의 운동도 하는 게 좋다.

생활습관병 중에서도 당뇨에 관해 좀 더 살펴보자. 당뇨는 소변에 탄수화물당이 포함되어 있음을 가리키는 말이다. 현재는 소변보다 핏속에 든 탄수화물 양을 토대로 당뇨를 진단하고, 심한 정도와 치료 효과를 판정한다. 고혈당 상태가 되어도 초기에는 아무 증상이 없다. 그러다 차차 물을 많이 마시고 화장실에 가는 횟수가 잦아지며 몸무게가 줄어드는 증상이 찾아온다. 치료하지 않고 두면 합병증이 서서히 진행된다. 결국 눈의 망막에 병변이 생겨 실명을 하거나 콩팥에 이상이 생겨 사는 내내 투석을 해야 할 수도 있다. 신경에 병변이 생기면 통증을 느끼게 되는데 여기까지 당뇨가 진행되면 완치가 불가능하므로 죽는 날까지 통증을 느끼며 살아야 한다.

어린이와 청소년에게 당뇨가 생기면 성장과 발달에 필요한 영양소를 골고루 섭취하되 적절한 운동을 하며, 심리적으로 안정된 상태에서 주어진 약물을 잘 쓰는 것이 중요하다. 발달 과정에 있는 어린이와 청소년은 나이, 학교와 가정환경, 성격 등에 따라 생활 습관이 많이 다르므로 의사와 상담을 통해 자신에게 맞는 방법을 선택해 실천해야 한다.

만 6세부터 17세 사이에 생활습관병이 느는 것은 건강에 나쁜 음식 섭취와 신체 활동 부족 때문이다. 적극적인 신체 활동을 하면 심폐지구력이 좋아지고 훗날 성인이 되어도 고혈압이 생기지 않고 비만이 되는 것을 막을 수 있다. 뿐만 아니라 동맥경화 발생을 늦추고 골다공증 위험도가 줄어든다.

청소년의 우울증

사춘기가 되면 전에는 정답게 느껴지던 부모님 말씀이 괜히 기분이 나쁘고 마음이 상하는 일이 잦아진다. 의견에 차이가 생기면 가족과도 싸우고, 말수가 줄고, 얼굴을 찡그리는 걸로 자신의 감정을 표현하기도 한다. 사실은 부모님이 싫은 게 아닌데 이렇게 짜증이 나는 걸 보면 '내 마음 나도 몰라'라는 생각이 들 수도 있다. 이렇게 몸과 마음이 따로 놀게 되는 건 몸과 마음에 동시에 일어나는 변화가 사춘기 청소년들을 예민하게 만들기 때문이다.

사춘기가 되면 스스로 뭔가를 해결해야겠다는 생각이 커지므로 어른들이 무슨 이야기를 하면 간섭처럼 느껴지는 경우가 많다. 그래서 가족보다는 친구가 더 편해진다. 어른들이 관심을 가지고 해주는 조언도 잔소리로 느껴지고, 특히 이야기를 많이 나누는 부모님 말씀이 쓸데없는 잔소리로 들려 짜증을 내게 된다.

사춘기에는 몸이 성인만큼 자라지만 정신이 덜 성숙해 짜증이 나는 건 당연한 일일 수도 있다. 이때 뭔가를 쾅쾅 치고 방문을 세게 닫고 물건을 집어던지는 식으로 남을 불쾌하게 만드는 것은 자기 절제가 따르지 않는 행동이다. 이런 행동이 거듭되면 관계 회복이 어려워질뿐더러 결국에는 자신에게도 더 큰 스트레스로 남을 뿐이다. 자기 절제를 잘해야 사춘기에 찾아온 마음의 변화에 잘 적응할 수 있다.

기분이 나쁜 정도로 그치면 별 문제가 없지만 감정적 변화가 심해 우울한 느낌이 들면 되도록 빨리 푸는 것이 좋다. 가끔씩 극단적 선택을 하는 청소년에 대한 뉴스가 전해지기도 하는데 많은 경우가 우울증 때문에 일어난다.

우울한 기분은 누구나 느낄 수 있지만 우울증이란 우울한 기분이 지속되어 일상생활이 어려운 경우이므로 빨리 해결해야 한다. 청소년기에는 성인보다 인지, 사고, 감정 발달이 미숙해 성인에게서 흔히 볼 수 있는 절망감, 허무감, 죄책감 같은 우울한 감정이 다른 형태로 나타난다. 청소년기 우울증 증상은 다음과 같다.

① 사소한 일에 평소와 달리 짜증이나 울음을 터뜨린다.
② 특별한 의학적인 원인이 없이 여기저기 자주 아프다.
③ 평소 순한 편이었는데 행동이 과격해져 물건을 던지거나 극단적인 말을 한다.
④ 밖에 나가기 싫고, 혼자 방에만 있고 싶다.
⑤ 말수가 줄고 평소 즐겨 하던 일에 별 흥미를 느끼지 못한다.
⑥ 일기를 쓰거나 친구와 대화할 때 죽음, 외로움과 같은 주제를 다룬다.
⑦ 평소와 달리 작은 실수에 '미안하다', '죄송하다'라는 말을 자주 한다.
⑧ 사고의 진행 과정이 느려 학습 능력이 떨어지고 스스로 마치 바보가 된 것 같은 느낌을 받는다.

⑨ 식욕이 떨어지고 잠을 쉽게 이루지 못하며 멍하니 있는다.

⑩ 우울증이 심해지면 환청, 죄책망상, 벌을 받아야 한다는 처벌망상이나 관계망상과 같은 현실과 동떨어진 잘못된 믿음이 생긴다.

청소년기에 접어들면서 이런 반응이 나타나면 어른들은 단순히 사춘기를 심하게 보내고 있다고 잘못 판단해 야단치는 경우가 있다. 이는 청소년의 입장을 잘 이해하지 못한 것이다. 이런 증상을 겪고 있다면 상담 선생님이나 자신을 잘 이해해 주는 사람을 찾아 상담을 받는 게 좋다. 우울한 기분이 계속된다면 정신건강의학과 전문의의 도움을 받는 것이 좋고, 일상생활이나 학업이 어려워지고 자살 충동을 느낄 정도에 이르면 전문의와 상의해 약을 사용하는 것을 고려해야 한다. 참고로 우울증 치료를 위해 사용하는 항우울제는 부작용이 없고 효과가 아주 좋은 편이다. 혹시라도 약을 먹었더니 졸음과 같은 부작용이 나타난다면 이것은 항우울제 자체의 부작용이 아닐 가능성이 크니까 의사와 상의하면 된다.

사춘기가 되면 무엇인가를 스스로 하려는 경향이 강해진다. 하지만 도움이 필요하면 언제든 주변의 도움을 받아도 괜찮다. 우울한 기분이 들면 혼자 해결하려 하지 말고 주변 사람들의 도움을 받자.

러시아 왕조를
멸망시킨 유전 질환

세계에서 가장 큰 면적을 자랑하는 나라, 러시아는 세계 최초로 공산혁
명에 성공한 나라다. 1613년 미하일 로마노프가 즉위하고 304년간 지속
된 로마노프왕조를 무너뜨리고 공산주의 혁명에 성공할 수 있었던 이유
는 무엇이었을까? 세계사 책에서 주로 말하는 로마노프왕조의 몰락 이유
는 다음과 같다.

첫째, 1855년부터 1881년까지 통치한 알렉산드르 2세가 크림전쟁에
서 패한 뒤 개혁정책을 실시했으나 국민의 호응을 얻지 못해 혁명 사상이
싹트게 되었다. 둘째, 304년간 지속적으로 전제정치가 시행되었다. 셋째,
제1차 세계대전이 일어나면서 영국, 프랑스와 삼국협상을 맺고 있던 러시
아가 전쟁에 개입했으나 독일 침입에 대비한 초토화 작전의 실패로 경제
가 무너지고 반전의식이 강해졌다. 넷째, 1915년부터 1916년 사이에 정
체불명의 요승 그리고리 라스푸틴이 알렉산드라 표도로브나 황후의 마
음을 사로잡아 전횡을 휘둘렀다.

이러한 이유로 1917년에 3월 혁명이 일어나고 로마노프왕조는 막을 내
렸다. 그런데 여기서 네 번째 이유는 사회적인 이유보다는 왕실에 얽힌 개
인적인 이유에 가깝다.

시베리아 빈농의 아들로 태어나 종교인 행세를 하면서 농민들로부터 좋은 평가를 받은 라스푸틴은 1907년에 상트페테르부르크에서 알렉산드라 황후를 알게 되었다. 로마노프왕조의 마지막을 장식한 니콜라이 2세는 우유부단한 성격이라 알렉산드라 황후에 좌우되는 일이 많았고, 황후는 국사보다 혈우병 환자인 알렉세이 왕자의 건강에 더 관심이 많았다.

라스푸틴에게 실제로 능력이 있었는지는 알 수 없지만, 알렉산드라는 아들의 혈우병을 해결할 수 있는 능력을 보여 준 라스푸틴을 덮어놓고 믿었다. 알렉산드라의 신뢰를 바탕으로 라스푸틴은 1915년에 자신을 견제하던 니콜라이 니콜라예비치 총사령관을 해임하라고 니콜라이 2세에게 요구했다. 니콜라이 2세는 각료의 반대를 무릅쓰고 총사령관을 해임했고, 라스푸틴이 총사령관이 되었다. 라스푸틴은 16개월간 권력을 누린 뒤 암살당했고, 로마노프왕조는 그로부터 3개월 뒤 역사 속으로 사라지고 말았다.

알렉세이의 혈우병은 누구로부터 전해진 것일까? 알렉세이에게는 누나가 넷 있었다. 혈우병 중 가장 흔한 8번 혈액응고인자 결핍증은 여성에게는 보균자로만 나타나므로 누나들과 어머니 모두 보균자였을 것이다. 알렉산드라는 "해가 지지 않는 나라" 대영제국 빅토리아 여왕의 손녀다. 역사에 확인된 빅토리아 여왕의 자손 중 아들 한 명과 손자 세 명이 혈우병이었다. 즉 빅토리아 여왕의 딸과 손녀 중 혈우병 유전자를 가진 보균자가 많았을 것으로 가늠할 수 있다. 따라서 알렉세이 왕자의 혈우병은 빅토리아 여왕으로부터 온 것으로 추정된다. 그러나 빅토리아 여왕의 조상에서는 혈우병에 대한 기록이 없다. 그렇다면 빅토리아 여왕의 혈우병 유전자는 돌연변이로 발생한 것으로 의심할 수 있으나 DNA 검사를 하기 전까지 확정할 수는 없다.

6. 분주한 밤

끝날 때까지는 끝난 게 아니다

한 동네에서 태어나 함께 유치원을 다니고 같은
초등학교를 졸업한 친구. 친구가 어느 날부터
이성으로 보인다. 눈만 마주쳐도 좋고, 멋진 모습을
보여 주고 싶다. 드디어 청춘이 시작되나 보다.

사람의 고차원적 기능은
대뇌에서 나온다

✖

대뇌의 부위와 기능

1848년 미국 버몬트의 철도 공사장에서 일하고 있던
피니어스 게이지는 드릴로 바위를 깨고 있었다.
이때 다이너마이트 폭발 사고가 일어나 110센티미터에
이르는 철 막대가 20미터 넘는 거리를 날아와 왼뺨과
머리 윗부분을 관통해 박혔다. 그 바람에 왼쪽 뇌에
큰 손상을 입었다. 소식을 듣고 달려온 의사 존 할로는
막대를 제거하는 수술을 했고 게이지는 목숨을 건졌다.
그러나 머리뼈에는 구멍이 남았다. 할로는 출혈을
억제하면서 구멍을 막으려고 수면용 모자를 씌웠다.
다행히 이차감염이 일어나지 않아서 게이지는 낫기
시작했다.
그런데 게이지가 달라졌다. 온순하고 영리하던 그가
반항적이고 오만한 성격으로 변한 것이다.

대뇌는 부위에 따라 기능이 다르다

게이지에게는 불행한 일이었지만 그에게 닥친 사고는 뇌 기능 연구를 빠르게 발전시켰다. 대뇌의 이마엽이 성격을 결정하는 곳이라는 사실이 알려졌고 뇌의 각 부분이 어떤 기능을 하는가에 대한 연구가 활발히 일어났다.

한 예로 프랑스의 폴 브로카는 1861년에 실어증을 연구하다가 뇌의 특정 부위가 손상된 환자에게 다른 사람의 말이 이해는 되지만 자신은 말하지 못하는 운동성 실어증이 나타난다는 사실을 발견하고 운동성 언어령이라 불렀다. 그의 이름을 따서 브로카 중추 Broca's area라 한다.

언어중추 또는 언어령이란 언어의 생성과 이해를 관장하는 대뇌피질의 특정한 부위를 가리킨다. 이곳은 상대방이 소리 내어 말하는 언어의 의미를 이해하고, 소리를 내 반응하게 한다.

인간의 뇌가 동물의 뇌와 가장 크게 다른 점은 대뇌반구의 겉에 있는 대뇌피질이 아주 발달되어 있는 것이다. 주름 잡힌 각 부분이 덩어리를 이루는 뇌는, 겉으로는 경계 영역을 구별할 수가 없다. 하지만 실제로는 각 위치에 따라 기능이 매우 다르며, 언어중추도 현재는 세 부위로 구분한다.

브로카와 마찬가지로 뇌에서 언어를 담당하는 부위를 연구한 독일의 카를 베르니케는 브로카가 발견한 언어중추가 모든 종류의 말하기 기능을 담당하는 곳이 아니라는 것을 발견했다. 그는 대뇌에서 글자를 읽거나 말을 이해하는 기능을 담당하는 부위를 찾아 브로카가 발견한 중추 부위와의 차이점을 연구했다. 베르니케가 발견한 영역은 소리로 들어온 감각을 언어로 이해하는 기능을 하는 곳으로, 감각성 언어중추 또는 베르니케 중추라 한다. 이 부위가 손상되면 다른 사람이 말하는 소리를 들어도 그 뜻을 이해할 수 없어서 반응하지 못하는 감각성 실어증이 나타난다. 브로카가 발견한 부위를 앞언어중추라 하고, 베르니케가 발견한 부위는 청각을 맡아 보는 영역을 포함하는 넓은 영역으로서 뒤언어중추라 한다.

참고로 대뇌에는 위언어중추도 있다. 이 부위는 앞언어중추의 보조 기능을 담당하는 곳으로 여겨진다. 세 언어중추는 대뇌의 왼쪽 반구에 있다. 한편 소리이기는 하지만 언어라고 할 수 없는 고함이나 울음소리와 같이 본능이나 비이성적인 행동, 충격 때문에 발생하는 소리는 언어중추가 아니라 행동을 담당하는 둘레계통변연계의 겉질 부위에 이를 담당하는 중추가 있다.

브로카와 베르니케 덕분에 대뇌피질에서 언어를 받아들이는 곳과 그 언어에 반응을 하는 곳이 알려지자 많은 신경과학자가 대뇌에서 특정 기능을 담당하는 부위가 어떤 곳인지 알고자 연구를 진행했다. 초기에는 환자의 증상과 대뇌 병변의 관련성을 알아보는 연구가 대부분이었으나 독일의 구스타브 프리츠와 에두아르트 히치히는 대뇌의 기능 부위를 알아내고자 더 나은 방법을 사용했다. 이들은 1870년에 개를 비롯한 여러 동물의 대뇌피질을 자극해 대

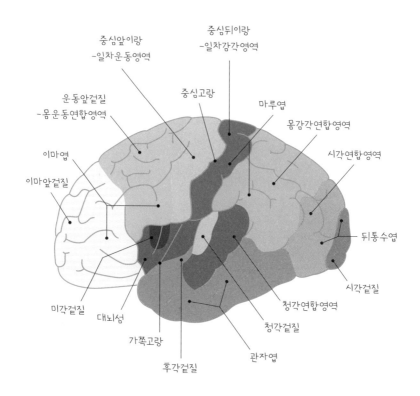

중심앞이랑
-일차운동영역

중심뒤이랑
-일차감각영역

운동앞겉질
-몸운동연합영역

중심고랑

마루엽

몸감각연합영역

이마엽

시각연합영역

이마앞겉질

뒤통수엽

시각겉질

미각겉질

청각연합영역

대뇌섬

청각겉질

가쪽고랑

관자엽

후각겉질

대뇌반구 표면에 존재하는 주요 기준 구조

뇌피질의 부위에 따라 몸에서 자율신경이 지배하는 근육수축 부위가 다르게 나타난다는 사실을 알아냈다.

대뇌피질을 각 영역으로 구분해 대뇌의 각 부위에서 담당하고 있는 기능을 한눈에 볼 수 있게 한 사람은 독일의 코르비니안 브로드만이다. 그는 1909년에 《대뇌피질 영역에 대한 비교 연구 Vergleichende Lokalisationslehre der Großhirnrinde in ihren Prinzipien dargestellt auf Grund des Zellenbaues》를 발행하면서 대뇌피질을 약 50개 부위로 구분해 어떤 기능을 하는지 소개했다. 그는 대뇌 부위를 구분하면서 사람에게는 존재하지 않고, 동물에게서만 볼 수 있는 부위를 따로 구분하는 등 대뇌 부위에 다른 기능을 자세히 기록하려고 노력했다.

심한 간질 환자에게서 문제가 되는 대뇌세포를 골라 없앤 수술로 유명한 캐나다의 신경외과의사 와일더 펜필드도 빼놓을 수 없다. 그는 국소마취 상태에서 환자의 뇌를 전기적으로 자극해 어떤 반응이 나타나는지를 연구했다. 그리고 팔과 다리에서 전해지는 감각을 받아들이는 부위와 팔과 다리로 명령을 내리는 부위를 표시한 뇌 지도를 만들어 발표했다. 이처럼 많은 학자의 노력으로 뇌는 각 부위가 서로 다른 다양한 기능을 한다는 것이 알려지게 되었다.

대뇌의 다양한 기능

중추신경계라 하면 뇌와 척수를 가리킨다. 뇌는 대뇌, 소뇌, 뇌줄기로 구분하고, 뇌줄기는 다시 대뇌에서 가까운 순서로 중간뇌, 숨뇌, 다리뇌로 구분한다. 어느 한 부위도 중요하지 않은 곳이 없지만 사람의 가장 고차적인 기능, 즉 사람이 사람다움을 유지하게 하는 곳은 대뇌라 할 수 있다. 대뇌는 매우 다양한 기능을 한다.

모기가 팔에 앉아 피를 빠는 걸 봤을 때 반대편 손으로 모기를 잡겠다고 생각하면 대뇌는 반대편 팔을 움직이라는 명령을 한다. 즉 운동 기능을 하는 것이다. 대뇌가 담당하는 의식적인 운동은 대뇌의 운동겉질에서 신호를 보내 뇌줄기와 척수를 거쳐 근육으로 전달해 근육이 힘을 주게 함으로써 임무가 이뤄진다.

앞서 우리 몸에는 시각, 청각, 미각, 후각, 촉각 등을 느끼는 부위가 있다고 소개했다. 각 부위에서 감각을 느끼면 그 신호가 대뇌로 전달되어 어떤 정보인지를 판단하게 된다. 예를 들어 대뇌에 있는 시신경이 끊어지면 아무리 눈에서 감각을 잘한다 해도 대뇌로 전달할 수가 없으니 지각이 불가능해지는 것이다.

바로 앞 쪽에서 대뇌는 부위에 따라 기능이 다르다고 설명하면서 예를 든 것은 대뇌의 언어 전달 기능에 대한 것이다. 주로 대뇌겉질의 언어영역에서 수행하고 있으며, 이마엽의 브로카 중추에서는 말을 하는 기능을, 관자엽의 베르니케 중추에서는 말을 이해하는 기능을 한다. 활신경다발이라는 백색질조직이 이 두 영역을 연결한다. 브로카 중추에 이상이 생기면 생각하고 있는 내용을 말로 표현하지 못하게 되고, 베르니케 중추에 이상이 생기면 들은 내용을 이해하고 해석하는 일을 못하게 된다.

시험이 가까워 밤 늦게까지 공부하다 보면, '머리가 더 좋아지면 조금 덜 공부해도 시험을 잘 볼 수 있지 않을까?' 하는 생각이 들 수 있다. 공부 능력을 담당하는 부위는 대뇌의 관자엽 안쪽에 있는 둘레계통에서 한가운데에 일부분을 구성하는 해마다. 해마는 작은 부위지만 학습 능력, 기억, 새로운 일을 인식하는 기능을 한다.

이미 앞에서 여러 번 나왔듯이 뇌하수체에서는 다양한 호르몬을 분비한다. 따라서 대뇌는 내분비기관의 하나고 여러 호르몬을 분비해 몸에서 일어나는 성장과 대사, 생식과 각종 장기의 여러 기능을 통제하고 조절한다. 체온조절부터 갈증과 배고픔, 피로 조절까지 항상성과 관련된 기능을 하며, 신경전달물질을 통해 뇌신경계통에서 일어나는 여러 기능을 담당한다.

최애 영상과 맞바꾼
나의 시력

✖

스마트폰과 눈

시각을 잃으면 다른 감각을 잃는 것보다 더 크게
불편함을 느낄 것이다. 후각과 청각, 미각과 다르게 잠잘
때를 빼고 늘 쓰기 때문이다.
시력이 떨어지면 안경을 써야 하는데, 안경이 불편하면
수술로 시력을 되찾으려는 시도를 할 수도 있다.
오래오래 불편함 없이 살아갈 수 있도록 시력을 잘
유지하려면 눈을 어떻게 보호하고 관리해야 할까?
친구와 밤새 게임하기로 마음먹거나 방의 불을 몽땅
끄고 스마트폰으로 최신 미드를 정주행하기 전에,
내 가수의 실시간 라이브 중계 영상을 보기 전에,
먼저 눈 건강에 대해 생각해 보자.

눈이 안 보인다면? 소중히 여겨야 할 눈

눈은 사람이 보는 행위로 얻는 정보를 뇌에 전해 준다. 뇌는 이 정보를 받아 입체적인 상으로 재형성해 무엇인지를 판단한다. "보는 것이 믿는 것이다"라는 말처럼 보지 않으면 믿기 어렵기 때문에 정보 처리에 있어 시각은 무엇보다 중요하다.

또 눈은 사람을 알아보는 데도 중요한 기능을 한다. 사람이 누구인지를 구분할 때 제일 먼저 보는 것은 얼굴이다. 만약 얼굴에서 한 부분을 가리고 누구인지를 맞춰 보라고 한다면, 눈을 가렸을 때 가장 맞히기 어렵다. 그만큼 눈은 사람의 특징을 가장 잘 보여 준다.

눈으로 본다는 것은 빛이 망막에 상을 비추는 것을 의미하며, 점 2개가 가까이 있을 때 이를 2개라고 판단하는 능력을 시력이라 한다. 시력을 나타내는 수치는 1.0을 기준으로 한다. 수치가 더 크면 작은 글씨가 잘 보이는 것이고 수치가 작으면 글씨가 더 커져야 눈으로 볼 수 있다. 시력이 나쁘면 교실 칠판에 적힌 글씨가 안 보이는 등 여러 가지로 불편하기 짝이 없다.

시력이 나쁜 이유는 아주 다양하다. 초등학교에 입학하기도 전인 어린 시절에는 안경을 썼는데 초등학교 고학년이 되자 시력이 정상으로 돌아와 안경을 벗는 일도 있다. 그러니 시력이 떨어져 안경을 써야 한다면 안과 전문의의 진단을 받은 뒤 치료가 가능한지, 어떤 안경을 어떻게 써야 하는지에 대해 설명을 듣자.

시각에 중요한 세포로는 막대세포와 원뿔세포가 있다. 막대세포는 파장을 감지하지 못하기 때문에 색을 구분하지 못하지만 빛에 대한 민감도가 높아서 어두운 곳에서 사물을 볼 때 유용한 기능을 한다. 원뿔세포는 빛의 파장을 감지하는 세포로, 빛에 대한 민감도가 낮으므로 밝은 곳에서만 기능을 잘할 수 있다. 빛의 삼원색을 빨간색, 녹색, 파란색이라 하는 것은 원뿔세포가 빨간색, 녹색, 파란색을 감지하는 세 종류로 나뉘기 때문이다.

색을 잘 구별하지 못하는 색맹 중 가장 흔한 적녹색맹은 적색원뿔세포가 없거나 기능을 못 하는 현상으로 우리나라 남성의 5퍼센트가량이 겪고 있다. 반면 여성에게는 드물다. 원뿔세포 세 종류가 모두 결핍되어 색을 완전히 구별 못 하는 경우는 수십만 명당 한 명 정도로 나타난다.

사람의 눈을 들여다보면 눈동자 옆에 흰자위가 있는 곳에 빨간 혈관이 보인다. 빨간색을 띠는 혈관 속 적혈구가 밖으로 비치기 때문이다. 혈관이 아주 발달된 토끼 눈을 보면 흰자위 부분이 없을 정도로 빨간색으로 가득 차 있다. 그런데 오징어의 눈을 보면 빨간색은 전혀 없고 파란색으로 보인다. 산소를 운반하는 단백질이 헤모글로빈이 아니라 헤모시아닌이기 때문이다. 결정적인 차이는 산소가 결합하는 부위가 헤모글로빈은 철이고, 헤모시아닌은 구리인데 이 차이가 피의 색깔을 다르게 보이게끔 한다.

스마트폰 중독 끊어 내기

최근에 우리나라 인구의 95퍼센트가 스마트폰을 가졌다는 기사가 나왔다. 스마트폰으로 하는 일이 워낙 많으니 거의 모든 사람이 스마트폰을 가지고 있다는 사실이 놀랄 일은 아니다.

문제는 스마트폰 중독이다. 중독은 무엇이든 지나치게 사용하거나 복용해 이상 증상을 일으키는 것을 가리킨다. 스마트폰 중독은 건널목에서 스마트폰을 보느라 교통사고 위험에 처한다거나 한번 스마트폰을 사용하면 끝을 모르는 경우, 또는 끄고 1분도 안 되어 켜기를 계속하는 것이다. 즉 스마트폰을 너무 많이 쓰는 바람에 일상생활에 장애가 일어나는 상태인 것이다. 중독에 빠진 사람에게 사용을 금지하면 금단증상이 나타나기 때문에 한 번에 치료하기도 어렵다.

> 금단증상: 지속적으로 사용하던 물질을 갑자기 중단하거나 사용 양을 줄일 경우 발생하는 생리적, 심리적, 행동적 반응을 말한다. 금단 현상을 일으키는 대표적인 기호품에는 알코올, 니코틴 등이 있고, 대표적인 약물에는 진정, 수면, 항불안제 등의 억제제, 중추신경 자극제가 있다.

문제는 이뿐만이 아니다. 오랫동안 스마트폰을 보다 보면 눈물을 분포하는 기능을 맡은 눈꺼풀의 깜빡임이 줄면서 눈이 건조해지기 쉽다. 또 전자기기는 눈에 보이지 않는 일정한 빛을 내보내는데 계속해서 전자기기를 쓰면 해로운 빛에 노출되는 시간이 길어지는 셈이다. 시력이 떨어지는 것은 물론 눈에 안 좋은 영향을 미친다.

스마트폰은 특히 눈에 해로운 블루라이트를 내보내므로 이를 차단하고 사용하는 것이 좋다. 스마트폰의 블루라이트는 가시광선 중 유일하게 수정체를 통과해 망막까지 빛이 도달하기 때문이다. 따라서 장시간 블루라이트에 노출되면 눈이 피로해질뿐더러 안구건조증과 시력 저하, 망막 손상에 이를 수 있으며 멜라토닌 분비가 줄어 수면장애가 생길 수도 있다.

그런데 낮에 파란색 물감으로 그림 그리는 것은 막지 않으면서 스마트폰의 블루라이트는 해롭다고 하는 건 왜일까? 스마트폰을 밝은 곳보다 어두운 곳에서 보는 경우가 많아서다. 어두운 곳에서는 빛을 조금이라도 더 받아들이기 위해 동공이 활짝 열리므로 해로운 빛이 망막에 더 많이 이른다. 물론 습관적으로 틈만 나면 스마트폰을 들여다보는 사람도 블루라이트 때문에 눈이 상할 수 있다.

✖
수줍은
실험

빈혈이 있는지 스스로 확인해 보자. 검은색 눈동자 옆에 흰자위가 있는 부분을 거울로 비춰 보면 된다. 빨간색이 전혀 없고 완전히 흰색으로만 보인다면 적혈구가 부족한 것이므로 빈혈일 가능성이 크다. 다른 방법 하나는 엄지손톱에 흰자위가 보이는 곳 위쪽을 다른 손가락으로 눌렀다가 떼보는 것이다. 얼른 원래의 색으로 돌아가면 정상이고 흰색으로 몇 초 이상 남아 있으면 빈혈이다. 적혈구가 부족해 원래의 색으로 돌아가기까지 시간이 걸린 것이기 때문이다.

수줍은 첫사랑이
시작되었다면

✖

사춘기와 성

사춘기라 이름 붙인 시기에는 몸도 부쩍 자라고
마음에도 변화가 많아진다. 부모는 사랑하는 자녀를
독립시키더라도 덜 슬프기 위해 준비하고, 자녀는 부모의
보살핌 없이도 홀로 설 수 있는 준비를 한다. 때문에
반드시 거쳐야 할 과정이기도 하다.

뿐만 아니라 어려서부터 놀이터에서 함께 뒹굴고 놀던
'남자 사람 친구'가 '남자'로 보이기도 하고, '여자 사람
친구'에게 '여자 친구'가 되어 달라고 고백하기도 한다.
좋기도 한데 불편하기도 하고 야릇하면서 수줍은 느낌,
어떻게 해야 할까? 이성 교제를 하려면 좋아하는 마음
말고 또 무엇을 준비해야 할까?

몸과 마음이 달라지는 사춘기

사춘기를 뜻하는 영어 'adolescence'의 어원은 '생식 능력을 가질 수 있도록 생물학적 변화가 일어나는 시기'를 가리킨다. 남녀 모두 사춘기 이전부터 안드로젠과 에스트로젠을 가지고 있으나 사춘기에 들어서면 남성은 안드로젠, 여성은 에스트로젠이 극적으로 증가하면서 전과 다른 여러 현상이 일어난다.

호르몬은 아주 적은 양으로도 사람의 몸에 다양한 변화를 일으킬 수 있는데 사춘기에 일어나는 성호르몬 분비의 변화는 남녀에 따라 크게 달라 신체의 모양이나 기능에도 뚜렷한 차이가 생긴다.

여성은 10~11세, 남성은 12~13세에 키가 많이 자란다. 사춘기가 시작되기 때문인데, 초등학교 고학년까지는 때때로 여성이 남성보다 커지기도 하지만 곧 역전된다. 사춘기가 시작하는 시기가 전보다 빨라지는 경향이 있어서 20세기 초와 비교하면 오늘날의 청소년은 2년쯤 빨리 시작한다. 키만 자라는 것이 아니라 근력도 자라고 유연성과 지구력, 순발력 등 운동 능력이 크게 좋아진다.

사춘기에 가장 눈에 띄는 신체 변화는 털이 자라는 것이다. 물론 그전에도 얇고 옅은 솜털이 얼굴과 팔, 다리 등에 있지만 사춘기가 되면 몸의 털이 굵어지면서 색이 짙어지고, 생식기 주변과 겨드랑이에 털이 자란다. 남성은 입 주변의 솜털이 수염으로 자라 면도를 하게 된다. 면도하기 귀찮으니 그냥 뽑으면 안 되냐고? 머리카락은 모근이 깊이 박혀 있지 않아서 쉽게 뽑을 수 있지만 수염은 깊이 박혀 있어서 뽑으려면 엄청 아프다. 실제로 수염을 뽑는 것은 오래전에 형벌의 하나였고, 지금도 가혹행위에 해당한다.

사춘기에 일어나는 성적인 변화

남성은 11세쯤 고환이 커지면서 사춘기가 시작되는 흔적이 나타난다. 13세가 되면 변성과 함께 목젖이 튀어나오고, 사정을 하는 일도 있다. 그러나 정자를 포함하고 있지 않으므로 어느 정도 시간이 지나야 생식 능력이 생긴다. 안드로젠은 털이 많이 자라게 하고 근육의 발달을 도와 어깨가 넓어지고 엉덩이가 좁아지게 만든다. 즉 성인의 몸매를 갖게 한다.

여성은 이차성징 발달 직전에 가슴이 발달해 커진다. 13세 전후로 배란생리 주기 중 난포가 터지면서 난자를 내보내는 현상이 이뤄지지만 남성의 사정과 마찬가지로 여성도 초경을 한다고 해서 임신이 가능한 것은 아니다. 초경 뒤 적어도 1년은 지나야 임신이 가능해진다. 그 뒤에 음모가 자란다.

사춘기에 이차성징이 일어나는 것은 남녀가 특징을 갖는 과정이다. 단세포생물은 암수 구별이 거의 없지만, 암수가 다른 것은 자연의 섭리이자 유전적으로 더 건강한 형질을 가지기 위한 방법이다. 부모의 유전자를 반씩 물려받는 것이 부모 중 한 명의 유전자만 물려받는 것보다 종의 번식과 생존에 유리하기 때문이다.

남성은 부신에서 안드로젠 분비가 증가하면서 사춘기가 시작된다. 성샘자극호르몬-방출호르몬 분비가 증가하면 세정관남성의 정소에서 정자 생산과 수송을 담당하는 가늘고 긴 관이 성숙하고, 테스토스테론 분비를 자극한다. 테스토스테론은 정자를 만드는 데 중요하며, 남성의 이차성징을 유도한다. 사춘기 전에 고환을 잃으면 털이 자라지 않는다.

안드로젠은 사춘기 남성의 성적 발달을 유도한다. 따라서 사춘기에 성적 호기심이 커지고 이성 친구를 사귀고 싶은 것은 당연하다. 지금 사춘기가 시작되어 키가 자라기 시작했는데 이성 친구에는 관심이 없다고 해서 걱정할 필요는 전혀 없다. 사춘기에 일어나는 현상은 몇 년에 걸쳐 다양한 형태로 서서히 나타난다. 조금 더 성장하면 몽정을 하기도 한다. 이는 남성이 수면 중에 성적으로 흥분되는 꿈을 꾸고 정자를 배출하는 현상이다. 성욕을 생리적으로 조절하는 자연스런 현상이므로 죄책감을 가지거나 걱정할 필요는 없다. 정자가 충분히 만들어졌음을 의미하므로 이제부터 아기를 가질 수 있게 되었다는 신호이기도 하다.

흔히 남성호르몬이라 하는 안드로젠은 여성의 성징에도 중요한 기능을 하지만 지나치게 분비되면 남성의 특징이 나타난다. 여성은 10~12세에 사춘기가 시작되면서 뇌하수체에서 성샘자극호르몬 분비가 많아진다. 이로 인해 난포의

> 난포: 난소에 있는 세포 집합체로, 주머니 모양이다. 난자를 포함하고 있으며 배란 뒤에 황체로 변화한다. 소포라고도 한다.

발달과 에스트로젠 분비를 촉진한다.

여성이 사춘기가 되면 배란을 하는데, 약 4주에 한 번씩 난자를 배출하는 생리 주기를 지닌다. 난포에서 난자를 배출하는 것은 남성이 정자를 배출하는 것과 마찬가지로 임신 능력을 가졌다는 뜻이다. 즉 여성은 주기적으로 분비되는 호르몬에 의해 임신할 수 있는 몸을 갖추게 된다. 자궁내막이 증식해 임신을 준비하는 것이다. 임신이 되지 않으면 자궁내막이 저절로 탈락해 몸 밖으로 배출된다. 이를 생리 또는 월경이라 한다.

생리가 시작되면 매월 생리혈도 처리해야 하고 머리나 허리가 아프거나 몸이 무겁게 느껴질 수 있다. 무엇보다 배 속을 쥐어짜는 듯한 통증 때문에 힘들 수 있다. 왜 이런 통증이 있는 걸까? 자궁내막 세포에서 분비되는 프로스타글란딘prostaglandin은 자궁을 수축시켜 떨어져 나온 자궁내막조직을 자궁 밖으로 밀어낸다. 이때 일시적으로 조직에 산소가 부족해져 쥐어짜는 느낌이 드는 것이다. 약을 사용해 생리통을 줄일 수 있지만 심하게 아프다면 자궁에 병이 있는 것은 아닌지 산부인과에서 진찰을 받자.

사춘기 청소년이 성에 눈뜨는 것은 자연스러운 현상

사람은 어느 동물보다 사랑에 훨씬 많은 관심을 쏟는다. 즉 번식을 할 목적이 아니면서도 사랑을 많이 나눈다는 뜻이다. 사춘기에 생식 능력이 생기는 것과 이성에 대한 호기심의 증가는 동시에 일어난다. 그러나 임신 능력이 있다고 해서 이를 발휘할 수 있는 단계까지 관계를 맺는 것은 각자가 감당할 수 있는 선을 넘는 것일 수 있다. 성에 관심이 생기면 제일 먼저 해야 할 일은 성에 대해 공부하는 것이고, 이성 친구가 생긴다면 충분히 교감을 나누면서 어떤 관계를 유지할 것인지 고민해야 한다. 임신과 피임에 대해서도 제대로 알고 행동해야 한다.

먼저 임신에 대해 짚고 넘어가자. 임신은 정자와 난자가 만나 수정이 되면 가능해진다. 정자는 수시로 만들어지고, 어느 정자든 수정에 이를 가능성이 있으나 난자는 매월 주기에 따라 배출되므로 정자와 난자가 만나 수정될 수 있는 기간은 약 4주마다 4~6일 정도다. 수정된 세포가 여성의 자궁벽에 붙어서 영양소를 공급받으며 자라기 시작하면 약 9개월 후에 아기로 태어나게 되는 것이다.

피임, 즉 임신을 막으려면 정자와 난자가 만나지 못하게 하거나 수정된 세포가 자라지 못하게 하면 된다. 남성이 콘돔을 사용하거나 여성이 피임약을 써서 임신을 피할 수 있다. 피임약은 여성의 호르몬 분비를 조절해 임신 능력을 가지지 못하게 하는 것과 수정한 세포가 자궁벽에 착상하는 것을 방지하는 것이 있다. 목적에 따라 선택을 잘해야 한다.

여성만 임신할 수 있는 것은 아기가 자랄 수 있는 자궁이 여성의 몸에만 있기 때문이다. 자궁은 배아가 착상하고 태반이 붙어 있으며 태아가 성장하는 장기다. 여성이 아기를 낳을 때는 자궁 속에서 자란 아기가 여성의 몸 밖으로 빠져나와야 한다. 이때 자궁은 아기를 밀어내기 위해 수축하게 되는데 이를 담당하는 물질이 뇌하수체뒤엽에서 분비되는 옥시토신oxytocin이다. 옥시토신은 그리스어로 '일찍 태어나다'라는 뜻이며 자궁수축호르몬이라고도 한다. 옥시토신은 아기를 낳을 때뿐 아니라 성관계를 가질 때도 분비된다. 자궁이 정자를 잘 받아들일 수 있는 모양을 유지하게 하며, 분만 뒤에는 젖 분비를 돕는다.

성관계가 힘들고 재미없는 일이라면 생명체는 자손을 번식하기 위해 노력하지 않을 것이다. 그러나 사랑 없이 충동적으로 관계를 가지는 것은 잠깐의 즐거움 뒤 허탈감과 수치심만 가져올 뿐이다.

즐거운 일을 상상하면 기분이 좋아지듯이 사랑으로 가득한 성관계를 상상하면 성적인 즐거움을 느낄 수도 있다. 이때 스스로 자신의 몸을 만지면서 성적 욕구를 만족시키는 행위를 자위라 한다. 자위는 자연스러운 일이므로 죄책감을 느낄 필요 없고 피해야 할 일도 아니다. 단지 자위에 너무 집착하다 보면 일상생활에 어려움이 있을 수 있으므로 절제하면서 적당히 즐기는 것이 바람직하다.

잠잘 때도 일하는
우리 몸

✖

잠과 일

아기가 부스스 잠에서 깨는 모습은 세상 무엇과도 바꿀
수 없을 만큼 귀엽다. 하품을 하며 아장아장 걸어오는
모습은 얼마나 사랑스러운지.

그런데 청소년이 되면 사정이 달라진다. 아침 일찍
손님이 습격하거나, 늦게 일어나 제대로 씻지도 못한
상태에서 허둥지둥 나가다 누군가와 얼굴을 마주치는
건… 생각만 해도 민망하다. 엉망진창인 방을 보여 주는
것처럼 가슴이 뜨끔한 일이다. 잠들기 전 욕실에서
꼼꼼하게 씻고 거울을 봤을 땐 분명 촉촉한 피부를 가진
훈훈한 미모였는데, 자고 일어나면 왜 몰골이 바뀌는
것인지. 대체 누가 이렇게 만들어 놓은 걸까?

뇌에서는 꿈을 꾸고, 눈물은 눈곱을 만들고

현대의학이 아무리 발전했다 하더라도 아주 사소한 듯한 것을 모르는 경우가 많다. 잠도 그중 하나다. 동물도 잠을 자니까 인류도 처음 생겨났을 때부터 잠을 잤을 것이다. 매일 잠을 자고 있지만 인류가 잠에 대해 깊이 있는 연구를 시작한 것은 겨우 100년밖에 되지 않는다.

'잠' 하면 생각나는 것이 '꿈'이다. 오스트리아의 지크문트 프로이드는 꿈에 관심을 가져 많은 연구를 했고, 1909년에《꿈의 해석Die Traumdeutung》을 발표했다. 이 책은 꿈을 과학적으로 접근한 최초의 책이라 할 수 있으며, 후대에 꿈과 그의 정신분석 이론에 관심을 일으키는 촉발제가 되었다.

꿈은 잠자는 중에 볼 수 있는 시각적 현상을 가리킨다. 잠을 자면서 몸을 뒤척이는 것에서 볼 수 있듯이 운동감각이나 청각, 후각, 미각이 꿈에 함께 나타나기도 한다. 상쾌한 꿈을 꾸다 깨면 아쉽기도 하고 즐겁기도 하지만 악몽을 꾸면 온종일 신경 쓰이고 일상생활이 괴롭다.

잠자는 사람을 잘 관찰해 보면 눈을 감은 상태에서 눈동자를 빨리 움직이곤 한다. 이때를 렘REM, rapid eye movement수면이라 하며 꿈은 이 시기에만 꾼다. 눈동자를 움직이는 이유는 몸은 자고 있지만 뇌는 깨어 있기 때문이다. 뇌파를 찍어 보면 눈동자를 움직이지 않을 때와 다르게 깨어 있을 때처럼 뇌가 활발하게 활동하고 있다는 것을 알 수 있다. 렘수면 상태가 아닐 때와 비교하면 심장박동이 빨라지고 혈압은 높아지며 호흡은 불규칙해진다. 몸은 쉬고 있는데 뇌가 활동하고 있는 렘수면은 깊은 잠을 자지 못하는 상태라고 할 수 있다. 따라서 잠을 오래 자도 피곤함이 남는다.

잠을 잘 때는 렘수면과 비렘수면이 거듭되는데 보통은 잠이 든 뒤 비렘수면 상태에 있다 90분쯤 지나면 10~15분쯤 첫 번째 꿈을 꾼다. 비렘수면과 렘수면이 반복되니까 꿈도 여러 번 꾸게 되며, 자는 시간이 길어질수록 렘수면 시간이 늘어나 꿈꾸는 길이가 길어질 수 있다. 이것이 일반적으로 꿈을 꾸는 형태지만 깜빡 졸았다 깨어날 때도 꿈을 꾸는 경우가 있다. 꿈에 대해서는 아직도 많은 연구가 필요하다.

왜 사람과 동물이 잠을 자는지도 확실히 알려져 있지 않지만 "아, 피곤해. 잠이나 자야겠다"라는 말에서 볼 수 있듯이 잠이 피로를 푸는 효과가 있는 것은 확실하다. 피로를 푸는 게 목적이라면 깊이 자는 것이 좋다. 잠을 푹 자지 않으면 깨어났을 때 피로가 풀리는 게 아니라 더 피곤하게 느껴진다. 푹 잔다는 뜻은 렘수면 시간을 줄이는 것과 같으며, 수면제가 이런 효과를 낸다.

자는 동안에도 우리 몸은 일한다. 호흡계통이 계속 숨을 쉬어야 생명을 유지할 수 있음은 말할 것도 없고, 뇌도 일한다. 잠자는 동안 경험한 일이 기억으로 뇌에 새겨진다는 연구 결과도 있다. 밤늦게 음식을 먹으면 건강에 좋지 않다고 하는 것은 쉬어야 할 소화계

통이 일을 하게 되어서다. 게다가
자는 동안 기초대사량이 줄어드니
먹은 음식이 모두 영양소로 소화
되고 몸에 저장되어 몸무게가 는

> 기초대사량: 생명 유지에 필요한 최
> 소의 열량. 성인이라면 약 1,500킬로
> 칼로리고, 하루에 필요한 대사량은
> 기초대사량과 작업대사량을 더해야
> 하므로 약 2,500킬로칼로리다.

다. 밤새 자고 일어나면 눈곱이 끼는 것은 눈에서 흘러나온 눈물이
말라붙은 것이고, 눈물 외에도 각종 분비물이 몸 밖으로 흘러나온
다. 잠에서 깨면 눈물, 침, 땀 등 잠자는 동안 생겨난 분비물, 중력과
고정된 자세에 의한 체액의 이동 등으로 부스스한 모습이 된다.

불면증에서 벗어나기

사람의 수명을 80년이라고 가정하면 잠으로 보내는 시간은 20년에
서 30년이다. 잠은 쉼과 안정을 줄 뿐 아니라 두뇌의 발달, 성장, 생
존 등과도 연관이 있는 만큼 생존에 필수적이다.

사람의 몸은 역사적으로 밤에 잠을 자도록 발전해 왔다. 그런데
전구가 발명된 뒤 날이 갈수록 지구의 밤이 밝아지다 보니 밤에 뭔
가를 하는 일이 잦아지면서 사람의 생리현상에 문제가 생겨나고
있다. 그래서인지 불면증 환자도 늘어나고 있으며, 평생을 통해 보
면 전 인구의 20~30퍼센트가 불면증을 경험하고 있다.

불면의 가장 큰 원인은 신체에 가해지는 자극 때문이다. 담배, 커
피와 같은 화학자극, 빛과 소리, 온도 등의 물리적 자극, 성격, 스트

레스, 피로와 흥분 등의 심리적 자극 등 종류가 아주 다양하다. 그러나 대개 우리가 이미 경험적으로 알기 때문에 노력하면 통제가 가능하다. 물론 실천에 옮겨야 숙면에 도움을 받을 수 있다.

한편 나이가 들면 잠을 자고 싶어도 못 자는 사람이 많다. 수면 구조가 변하기 때문이다. 렘수면의 반대인 비렘수면은 수면이 얕은 상태에서 깊은 순서로 1단계부터 4단계로 구분할 수 있다. 보통 매일 밤 이러한 수면 단계를 4회에서 5회 거듭하는데 나이가 들면 3~4단계의 절대량이 줄고, 1~2단계의 시간이 늘어서 잠에서 깰 때가 많다. 다시 말해 나이가 들수록 비렘수면의 증가한다.

밤에 잠을 깊이 이루지 못하면 새벽에 선잠을 자게 되어서 아침에 일어나도 충분히 잠을 잔 느낌이 들지 않는다. 그러다 보니 낮잠을 자거나 때로는 그냥 누워 있기도 하는데 둘 다 밤잠에 방해되기는 마찬가지다. 불면증을 해결하려면 무엇보다 낮에 잠을 자거나 눕는 습관을 없애야 한다. 이미 그런 습관이 있다면, 몸을 일으켜 세우는 습관을 들이는 것이 좋다. 어떻게 하면 습관을 바꿀 수 있을까? 몸을 일으키는 습관을 들이기 위해 가장 좋은 것은 물론 운동이다. 밤에 잠이 오지 않으면 억지로 자려고 하지 말고 지겨운 책을 읽다가 졸음이 몰려올 때 자는 것이 좋다. 또 밤에 못 잤더라도 낮에는 일상생활을 해야 불면증을 해결할 수 있다.

청소년이 밤에 잠 못 자는 건 불면증이 있어서라기보다 공부에 지쳐 그런 경우가 많다. 그러나 낮에 잠이 오는 것에서 볼 수 있듯 결과는 마찬가지다. 건강을 위해서는 충분히 잠을 자는 것이 좋지만, 잠을 충분히 잘 수 없다면 잠을 자는 시간만이라도 깊게 잘 수 있는 방법을 찾는 것이 좋다.

무슨 이유에서든 편안한 잠을 못 이루는 사람에게 가장 좋은 변화는 적절한 운동을 하는 것이다. 힘든 운동을 하면 수면에 방해가 될 수 있지만 적당한 운동은 좋은 수면 습관을 유지하는 데 도움이 된다. 미국 스탠포드 의과대학 연구팀의 연구에 따르면 16주간 적당한 운동프로그램을 진행했더니 수면 시간이 15분 앞당겨지고, 45분 길어졌다고 한다. 일주일에 4회 이상, 매일 20~40분 운동하면 잠을 더 잘 이룰 수 있다는 연구 결과도 있다.

운동이 사람의 몸에 미치는 효과는 아주 다양한데, 수면에도 좋은 영향을 준다. 우선 운동으로 육체적 스트레스가 지속되면 뇌에서 숙면을 이끈다. 또한 운동은 몸에 열을 일으키므로 운동 뒤 24시간이 지나면 체온이 떨어지고, 체온 저하는 숙면을 유도한다.

운동을 해서 잠을 잘 자려면 늦은 오후나 초저녁에 하되 최소 잠들기 4시간 전에 운동을 끝내자. 근육 운동보다는 적당히 땀을 흘리는 유산소 운동을 하는 것이 바람직하다.

맹점에
상이 맺히면?

"진화는 진보가 아니다."

    이는 진화란 생물체가 환경에 적응하는 과정에서 더 적합한 선택을 한 것일 뿐 반드시 무엇인가가 진보하는 방향으로 변해 온 것은 아니라는 뜻이다. 이를테면 사람의 눈은 오징어보다 못하다. 상이 맺히는 망막 가운데에 찢어진 곳이 있어서 그렇다.

    망막은 상이 맺히는 곳이다. 하필 이곳에 상이 닿으면 맺히지 못해 눈에 보이지 않는다. 망막이 찢어져 있는 이유는 시각을 감지하는 신경이 뇌로 가기 위해 눈을 빠져나가면서 망막을 가로질러 가기 때문이다. 망막에 찢어진 부위가 있다는 사실은 1660년대에 프랑스의 에듬 마리오트가 눈을 해부하다가 우연히 발견했다. 그때만 해도 망막의 기능을 정확히 알지 못했으므로 마리오트는 눈을 해부해 시각에 대한 연구를 하고자 했고, 이 과정에서 망막의 찢어진 부위인 맹점을 발견하고 여기에 상이 맺히면 눈으로 볼 수 없다는 사실을 알아냈다.

    종이에 5밀리미터 크기로 점을 찍은 뒤 5~10센티미터 앞이나 옆에 비스듬히 놓고 움직이면 맹점을 확인할 수 있다. 한 눈을 감은 뒤 다른 눈으로 점을 응시한 채 종이를 서서히 앞뒤로 움직여 보면 특정 지점에서 점이 사라지는 경우가 발생한다. 이게 바로 맹점에 상이 맺혀서 생기는 현상이다.

17세기까지 맹점의 존재를 몰랐던 것은 눈이 2개이기 때문이다. 뭔가를 응시한 채 교대로 한쪽 눈을 가려 보면 양쪽 눈으로 볼 수 있는 상이 약간 다르다는 것을 알 수 있다. 즉, 한쪽 눈의 맹점에 상이 맺히더라도 다른 눈으로는 볼 수 있으므로 마리오트가 해부를 통해 맹점을 발견하기 전까지 아무도 이를 알아채지 못한 것이다.

17세기는 관찰과 실험으로 이론을 정립하고, 이 이론이 옳은지 아닌지를 검정하는 과학적 사고가 태동한 시기다. 특히 영국에서는 왕립협회가 있어 학자들이 자신의 관찰과 실험 결과를 두고 토론하는 것은 물론이고 다른 나라의 소식도 나눴다. 이 모임의 회원 중 화학자 로버트 보일은 탄성체는 강한 힘을 가할수록 잘 늘어난다는 사실을 발견했고, 물리학자 로버트 훅은 직접 만든 현미경으로 코르크 마개를 관찰해 방 모양으로 생긴 것을 발견하고 세포cell라는 이름을 붙였으며, 과학자이자 건축가인 크리스토퍼 렌은 1660년대에 화재로 폐허가 된 런던에 새로 지은 생폴 성당을 설계했다.

이처럼 활발하게 활동하던 영국 학자들은 맹점 발견 소식을 듣고 '눈에서 떨어지는 거리를 멀게 하면 지름 5밀리미터인 점보다 훨씬 더 큰 것도 맹점에 상이 맺혀 사라질 수 있을까?' 하는 의문을 가졌다. 관찰과 실험을 중시하는 그들이었기에 바로 사람을 세워 놓고 비스듬한 각도로 서서 한쪽 눈을 가린 뒤 거리를 조정해 가면서 맹점에 상이 맺히면 어떻게 되는지를 확인해 보았다. 그 결과는 놀라웠다. 머리 부분의 상이 관찰자의 맹점에 맺히면서 목이 없는 사람으로 보였다!

참고 자료

도서

- 강두희 외 지음, 《생리학 개정(제6판)》, 신광출판사, 2011
- 대한이비인후과학회 지음, 《이비인후과학》, 일조각, 2009
- 대한진단검사의학회 지음, 《진단검사의학(제5판)》, 범문에듀케이션, 2014
- 대한혈액학회 지음, 《혈액학(제3판)》, 범문에듀케이션, 2018
- 란돌프 네스, 조지 윌리엄스 지음, 최재천 옮김, 《인간은 왜 병에 걸리는가?》, 사이언스북스, 1999
- 리차드 고든 지음, 김철중 옮김, 《역사를 바꾼 31명의 별난 환자들》, 에디터, 2001
- 빌라야누르 라마찬드란, 샌드라 블레이크스리 지음, 신상규 옮김, 《라마찬드란 박사의 두뇌 실험실》, 바다출판사, 2015
- 서울대학교 의과대학 피부과학교실 지음, 《의대생을 위한 피부과학(제4판)》, 고려의학, 2017
- 아커크네히트 지음, 허주 옮김, 《세계의학의 역사》, 민영사, 1993
- 안성구 외 지음, 《피부미학》, 고려의학, 2002
- 에릭 위드마이 외 지음, 강신성 외 옮김, 《인체생리학》, 지코사이언스, 2008
- 예병일 지음, 《의학사 노트》, 한울엠플러스, 2017
- 예병일 지음, 《줄기세포로 나를 만든다고?》, 비룡소, 2014
- 예병일, 공인덕 지음, 《몸살림 운동처방전》, 씽크스마트, 2012
- 용태순 외 지음, 《인체기생충학》, JMK, 2013
- 이선경, 하승연 지음, 《발달심리》, 교육아카데미, 2011
- 정재복 외 지음, 《소화기학》, 군자출판사, 2009
- 프레데릭 마티니, 어윈 바르톨로뮤 지음, 윤호 외 옮김, 《핵심 해부생리학 (제7판)》, 바이오사이언스, 2017
- 하트웰 클랜드 외 지음, 한국유전학회 옮김, 《하트웰의 유전학(제5판)》, 홍릉과학출판사, 2016
- Burton Feldman, 《The Nobel Prize》, Arcade Publishing, 2001
- Irwin Modlin(Ed), 《The Evolution of Therapy in Gastroenterology》,

Axkan Pharma Inc, 2002

- John Talbott, 《A Biographical History of Medicine》, Grune&Stratton, 1970
- Larry Squire(Ed), 《The History of Neuroscience in Autobiography》 Vol. 1, Society for Neuroscience, 1996
- Oxford University(Ed), 《Dictionary of Scientists》, Oxford University Press, 1999
- Robert Murray, et al, 《Harpers Illustrated Biochemistry》 29th Ed, McGraw-Hill Medical, 2012

자료집

- 보건복지부 질병관리본부, 대한소아과학회, 〈소아성장도표〉, 2017

논문

- Andrew Howard, et al. (August 1996). 〈A receptor in pituitary and hypothalamus that functions in growth hormone release〉, Science. 273 (5277): 974-7.
- Bernd Lindemann, et al. (November 2002). 〈The discovery of umami〉, Chemical Senses. 27 (9): 843-4.
- Byung-Il Yeh, In Deok Kong. 〈The Advent of Lifestyle Medicine〉, Journal of Lifestyle Medicine. 2013 Mar;3(1):1-8.
- Nirupa Chaudhari, Stephen Roper. 〈Molecular and physiological evidence for glutamate (umami) taste transduction via a G protein-coupled receptor〉,

Annals of New York Academy of Sciences. 1998 Nov 855:398-406.

- Masayasu Kojima, et al. (December 1999). 〈Ghrelin is a growth-hormone-releasing acylated peptide from stomach〉, Nature. 402 (6762): 656-60.
- Nirupa Chaudhari, Stephen Roper. (November 1998) 〈Molecular and physiological evidence for glutamate (umami) taste transduction via a G protein-coupled receptor〉, Annals of New York Academy of Sciences. 1855: 398-406.

웹사이트

- 노벨재단 nobelprize.org
- 미국 질병통제센터 www.cdc.gov
- 세계반도핑기구 wada-ama.org
- 세계보건기구 www.who.int
- 영국 왕립협회 royalsociety.org
- 질병관리본부 www.cdc.go.kr
- 통계청 kostat.go.kr
- 네이버캐스트 생물산책, 박찬규 "돼지의 후각"
  terms.naver.com/entry.nhn?docId=3576205&cid=58943&categoryId=58966
- 대한의학회 뉴스레터, 손창환 "일산화탄소 중독의 위험"
  kams.or.kr/webzine/19vol102/sub02.php
- 연합뉴스 "강릉 펜션서 대학생 단체숙박 중 3명 사망, 7명 의식불명"
  www.yna.co.kr/view/AKR20181218093151062?input=1195m
- 연합뉴스 "한국 스마트폰 보유율 95%…세계 1위"
  www.yna.co.kr/view/AKR20190206008200009?input=1195m)

- 중앙대학교병원 건강칼럼 "소아청소년 우울증"
  terms.naver.com/entry.nhn?docId=2109375&cid=63166&
  categoryId=51023
- 중앙대학교병원 건강칼럼 "자꾸만 쌓이는 귀지, 파야 하나요 말아야 하나요?"
  terms.naver.com/entry.nhn?docId=2108484&cid=63166&
  categoryId=51023

교과 연계

중학교

고등학교

찾아보기

숨만 쉬어도 과학이네?

몸으로 배우는 생명과학

초판 1쇄 인쇄 2019년 4월 19일
초판 1쇄 발행 2019년 4월 29일

지은이 예병일
펴낸이 김한청

기획·책임편집 이한경
디자인 김지혜
일러스트 백두리
마케팅 최원준, 최지애, 설채린
펴낸곳 도서출판 다른

출판등록 2004년 9월 2일 제2013-000194호
주소 서울시 마포구 동교로27길 3-12 N빌딩 2층
전화 02-3143-6478 팩스 02-3143-6479 이메일 khc15968@hanmail.net
블로그 blog.naver.com/darun_pub 페이스북 /darunpublishers

ISBN 979-11-5633-233-6 44400
ISBN 979-11-5633-230-5 (세트)